最短合格

2級 管工事
超速マスター
第4版

関根康明

JN012589

TAC出版
TAC PUBLISHING Group

⊡ はじめに

　2級管工事施工管理技士は，建設業法に基づく国家資格です。建設現場では管工事の主任技術者になることができるなど，社会的評価の高い資格です。専任の技術者を配置する工事が増えたことから，個人のみならず企業にとっても有益な資格といえます。

　試験は年2回（前期試験と後期試験）実施されます。前期試験は第一次検定のみで，後期試験は第一次検定と第二次検定が行われます。また，第一次検定合格者には「技士補」，第二次検定合格者には「技士」の称号が与えられます（免状交付申請後）。

　本書では，予備知識のない読者も考慮して試験で問われる要点のみをまとめ，わかりやすい解説に努めました。第一次検定の基礎から，その延長上にある第二次検定までを一冊にまとめることで，時間をロスすることなく，効率的に学習することができます。第一次検定と第二次検定の両方に共通する基礎的な知識を培っていただくことも，本書が期待するところです。

　各節の終わりと，一次，二次検定のまとめとして，過去に出題された重要な問題を掲載しているので，学習の効果も確認することができます。

　管工事施工管理技士を合格するための入門書として，また試験直前には，最終確認を行う総まとめとして，本書を有効に活用していただければと思います。

　皆さんが，合格の栄冠を手にされることを祈念いたします。

目 次

はじめに ……………………………………………………………… iii

受検案内 ……………………………………………………………… ix

第一次検定

第1章　一般基礎

1　環境 ……………………………………………………………… 2

　　地球環境 …………………………………………………………… 3

　　室内環境 …………………………………………………………… 8

2　流体 ……………………………………………………………… 18

　　流体の用語と基本 ………………………………………………… 19

　　流体の定理・現象 ………………………………………………… 23

3　熱 ………………………………………………………………… 26

　　熱の用語と基本 …………………………………………………… 27

　　熱の性質 …………………………………………………………… 30

4　電気 ……………………………………………………………… 34

　　電気設備 …………………………………………………………… 35

　　電気工事・電動機 ………………………………………………… 40

5　建築 ……………………………………………………………… 44

　　建築用語と基本 …………………………………………………… 45

　　鉄筋コンクリート ………………………………………………… 50

第2章　空気調和設備

1　空気調和 ………………………………………………………… 54

　　空気調和の方式 …………………………………………………… 55

　　湿り空気線図 ……………………………………………………… 60

　　熱負荷 ……………………………………………………………… 63

2 冷暖房 ·· 66

蒸気暖房・温水暖房 ························· 67

ヒートポンプほか ··························· 73

3 換気・排煙 ···································· 76

換気設備 ····································· 77

有効換気量 ··································· 80

排煙設備 ····································· 84

第3章　衛生設備

1 上・下水道 ·································· 90

水道施設 ····································· 91

水道水 ······································· 95

下水道施設 ··································· 97

2 給水・給湯 ·································· 102

給水用語 ···································· 103

給水設備 ···································· 106

給湯設備 ···································· 109

3 排水・通気 ·································· 116

排水設備 ···································· 117

通気設備 ···································· 121

4 消火・ガス・浄化槽 ···················· 124

消火設備 ···································· 125

ガス設備 ···································· 130

浄化槽 ······································ 134

第4章　設備機器など

1 機材 ·· 138

機器 ·· 139

送風機・ポンプ ……………………… 145

2 配管・ダクト ……………………………… 148
　　配管 ……………………………………… 149
　　ダクト …………………………………… 154

3 設計図書 ………………………………… 160
　　機器の仕様 ……………………………… 161
　　公共工事の約款 ………………………… 163

第5章　施工管理法

1 施工計画 ………………………………… 166
　　施工計画書 ……………………………… 167
　　図面と書類 ……………………………… 170

2 工程管理 ………………………………… 174
　　工程表 …………………………………… 175
　　ネットワーク工程表 …………………… 178

3 品質管理 ………………………………… 184
　　手順と検査 ……………………………… 185
　　品質管理のツール ……………………… 188

4 安全管理 ………………………………… 192
　　高所作業 ………………………………… 193
　　酸素欠乏危険作業ほか ………………… 196

5 工事施工① ……………………………… 198
　　重量機器 ………………………………… 199
　　空調機器の据付け ……………………… 201
　　衛生機器の据付け ……………………… 203

6 工事施工② ……………………………… 206
　　配管施工 ………………………………… 207
　　ダクトの施工 …………………………… 212

保温・防食と試験 ………………………………………… 216

第6章　法規

1　労働安全衛生法 …………………………………… 222
　　安全管理体制 ……………………………………… 223

2　建築基準法 ………………………………………… 226
　　建築基準法の目的と用語 ………………………… 227
　　設備の基準 ………………………………………… 231

3　建設業法 …………………………………………… 234
　　建設業法の目的と用語 …………………………… 235
　　建設業許可と契約 ………………………………… 237
　　技術者 ……………………………………………… 242

4　消防法ほか ………………………………………… 244
　　消防法 ……………………………………………… 245
　　廃棄物処理法 ……………………………………… 247
　　建設リサイクル法 ………………………………… 249
　　労働基準法 ………………………………………… 252
　　騒音規制法，省エネ法 …………………………… 254

第一次検定 練習問題 …………………………………… 258

第二次検定

第1章　設備図と施工

1　設備図 ……………………………………………… 294
　　管 …………………………………………………… 295
　　配管の支持と貫通 ………………………………… 300
　　排水・通気 ………………………………………… 306
　　ダクト ……………………………………………… 311

2 施工 ・・・ 314
　空調機設備 ・・・・・・・・・・・・・・・・・・・・・・・・・・・・・・・・・・・・・ 315
　衛生設備 ・・ 321

第2章　工程管理

1 工程表 ・・ 326
　工程表の作成 ・・・・・・・・・・・・・・・・・・・・・・・・・・・・・・・・・・ 327

第3章　法規

1 労働安全衛生法 ・・・・・・・・・・・・・・・・・・・・・・・・・・・・ 340
　安全設備 ・・ 341
　安全体系 ・・ 346

第4章　施工経験記述

1 記述の基本 ・・・・・・・・・・・・・・・・・・・・・・・・・・・・・・・・・ 352
　出題例と解答例 ・・・・・・・・・・・・・・・・・・・・・・・・・・・・・・ 353
　文の作成 ・・・・・・・・・・・・・・・・・・・・・・・・・・・・・・・・・・・・・・・ 360

2 合格答案の書き方 ・・・・・・・・・・・・・・・・・・・・・・・・ 364
　減点答案・合格答案 ・・・・・・・・・・・・・・・・・・・・・・・・・ 365

第二次検定 練習問題 ・・・・・・・・・・・・・・・・・・・・・・・・・・・・・・・ 372

索引 ・・ 384

⟐ 受検案内

受検資格

◆**第一次検定**　試験年度の末日における年齢が17歳以上の者

◆**第二次検定**　次のいずれかに該当する者

● 第一次検定の合格者で，次の表のいずれかに該当する者

● 第一次検定免除者

学歴または資格	実務経験年数[3]	
	指定学科[1]	指定学科以外
大学卒業者，専門学校卒業者（「高度専門士」に限る）	1年以上	1年6ヶ月以上
短期大学卒業者，高等専門学校卒業者，専門学校卒業者（「専門士」に限る）	2年以上	3年以上
高等学校卒業者，中等教育学校卒業者，専門学校卒業者（「高度専門士」「専門士」を除く）	3年以上	4年6ヶ月以上[4]
その他の者	8年以上	
技能検定合格者[2]	4年以上	

※1：指定学科とは，土木工学，都市工学，衛生工学，電気工学，電気通信工学，機械工学または建築学に関する学科をいう。

※2：技能検定合格者とは，職業能力開発促進法による技能検定のうち，検定職種を1級の「配管」（選択科目を「建築配管作業」とするものに限る）または2級の「配管」に合格した者をいう（職業能力開発促進法の一部を改正する省令による改正前の1級または2級の空気調和設備配管，給排水衛生設備配管，配管工とするものに合格した者を含む）。

※3：実務経験年数は，第二次検定の前日までで計算する。

※4：高等学校の指定学科以外を卒業した者には，高等学校卒業程度認定試験規則による試験，旧大学入学試験検定規則による検定，旧専門学校入学者検定規則による検定または旧高等学校高等科入学資格試験規定による試験に合格した者を含む。

試験日程

● 申込受付期間：前期 3月上旬～3月中旬／後期 7月中旬～7月下旬

● 試験実施日：前期 6月第1日曜／後期 11月第3日曜（例年）

試験科目・出題形式

◆第一次検定

出題形式：マークシート方式

検定科目	知識能力	検定基準
機械工学等	知識	・機械工学，衛生工学，電気工学，電気通信工学および建築学に関する概略の知識 ・設備に関する概略の知識 ・設計図書を正確に読み取るための知識
施工管理法	知識	・施工計画の作成方法および工程管理，品質管理，安全管理等工事の管理方法に関する基礎的な知識
	能力	・施工の管理を適確に行うために必要な基礎的な能力
法規	知識	・建設工事の施工に必要な法令に関する概略の知識

◆第二次検定

出題形式：記述式

検定科目	知識能力	検定基準
施工管理法	知識	・主任技術者として工事の施工の管理を適確に行うために必要な知識
	能力	・主任技術者として設計図書を正確に理解し，設備の施工図を適正に作成し，並びに必要な機材の選定および配置等を適切に行うことができる応用能力

問い合わせ先

一般財団法人　全国建設研修センター

〒187-8540　東京都小平市喜平町2-1-2　1号館2F

TEL 042-300-6855　　FAX 042-300-6858

ホームページ　http://www.jctc.jp/

第1章

一般基礎

1 環境 ・・・・・・・・・・・・・・・・・・・・・・・・・・・・・ 2
2 流体 ・・・・・・・・・・・・・・・・・・・・・・・・・・・・・ 18
3 熱 ・・・・・・・・・・・・・・・・・・・・・・・・・・・・・・・ 26
4 電気 ・・・・・・・・・・・・・・・・・・・・・・・・・・・・・ 34
5 建築 ・・・・・・・・・・・・・・・・・・・・・・・・・・・・・ 44

1 環境

まとめ & 丸暗記　　この節の学習内容とまとめ

- ☐ **空気の組成**　酸素：21%，二酸化炭素：0.04%

- ☐ **大気透過率**　$\dfrac{直達日射の強さ}{大気圏に入る前の日射の強さ}$

  冬期や田園部が高い数値

- ☐ **太陽光の波長**　紫外線，可視線，赤外線（短い順）

- ☐ **温熱環境指数**

温度	構成要素
有効温度（ET）	気温，湿度，気流速度
修正有効温度（CET）	気温，湿度，気流速度，放射熱
新有効温度（ET*）	気温，湿度，気流速度，放射熱，着衣量，作業強度

- ☐ **湿り空気**　水蒸気を含んだ空気

- ☐ **乾き空気**　水蒸気をまったく含まない空気

- ☐ **水素イオン濃度（pH）**

pH	性質
7より小さい	酸性
7	中性
7より大きい	アルカリ性

地球環境

1 大気

地球を取り巻く空気全体を**大気**といい、大気のあるところを**大気圏**といいます。大気圏で地表に近い屋外空気の組成（容積比）は、概略で、窒素：78%、酸素：21%、アルゴン：0.93%、二酸化炭素：0.04%です。

アルゴン 0.93%　　　二酸化炭素 0.04%

窒素 78%	酸素 21%	その他 0.03%

なお酸素濃度が18%未満になると、体内に十分な酸素が供給されず、大脳機能が低下するため危険です。この状態を**酸素欠乏**といいます。

大気汚染物質である硫黄酸化物や窒素酸化物は、その大部分が石油や石炭など化石燃料の燃焼により生成するもので、**酸性雨**の原因物質です。酸性雨とは、大気中の硫黄酸化物や窒素酸化物が溶け込み、**pH5.6**以下の酸性となった雨や霧などのことです。

2 大気透過率

大気圏に入る前の日射の強さに対し、地表上に直接到達した日射（直達日射）の強さの比を**大気透過率**といいます。

$$大気透過率 = \frac{直達日射の強さ}{大気圏に入る前の日射の強さ}$$

補足

酸素欠乏
単に「酸欠」ともいいます。労働安全衛生法では酸素欠乏状態での作業は禁止されています。

硫黄酸化物
SO_x（ソックスと読む）
SO_2、SO_3など。

窒素酸化物
NO_x（ノックスと読む）
NO、NO_2など。

pH
「ピーエッチ」と読みます。詳しくは15ページ参照。

大気透過率
一般に0.6〜0.8程度の数値です。

大気透過率は季節，地域によって多少の差があります。

　たとえば，日本の夏と冬を比べると，夏は蒸し暑く湿気が多いので，空気中にたくさんの水蒸気を含みます。日射がこの水蒸気にぶつかり乱反射するため，直達日射の強さは小さくなり，夏の大気透過率は小さくなります。

　また，都市部と田園部を比べると，都市部は車の排気ガスや工場からの煤煙（ばいえん）などにより，ちりやほこりが多いため，直達日射の強さは小さく，大気透過率は小さくなります。

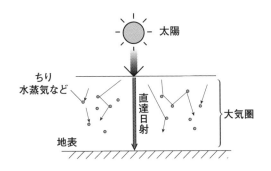

3 地球温暖化

　太陽光によって熱せられた地表面が熱放射を行うとき，その熱を大気中の温室効果ガス（二酸化炭素，メタンなど）が吸収し，地球上の空気が暖められます。これが地球温暖化です。

　温室効果ガスは，温室を覆うビニルのように熱を外に逃がさないため，地球上の熱がこもって氷山を溶かし，海面水位を上昇させるなどの現象を引き起こしています。とくに，二酸化炭素は排出量が多いため，地球温暖化への影響が大きいといえます。

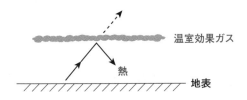

4 オゾン層破壊

太陽光は波長の短い順に，紫外線，可視線，赤外線などの名前がついています。

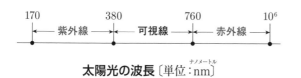

太陽光の波長〔単位：nm〕

オゾン層とはオゾンを多量に含む層で，太陽光に含まれる有害な紫外線を吸収します。地上からおよそ20～30km上空の，成層圏といわれるゾーンの一部にあります（成層圏は大気圏の一部）。

オゾン層が破壊されると，太陽光に含まれる有害な紫外線がそのまま地表に到達し，皮膚がんや白内障など人や生物に悪影響を及ぼします。

空調機の冷媒ガスとして使用されているフロンガスには，オゾン層を破壊するものがあります。

5 気象用語

気象用語には，次のものがあります。

①クリモグラフ

国や地域の温度，湿度，雨量などを月別に示した気候図です。次の図は，温度と湿度を表したクリモグラフで，各地域における季節ごとの気候の特色や相異を知ることができます。

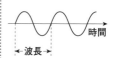

補足

波長
光は電磁波であり，いろいろな波の長さをもっています。波長とは下図で示した長さです。

熱に関係する波長はナノメートル（nm）という単位（1nm＝10^{-9}m）で表します。

オゾン
分子式はO_3で表されます。殺菌，脱臭の効果があります。

冷媒ガス
空調機において，熱を運ぶものが冷媒です。ガス（気体）状の冷媒のことです。

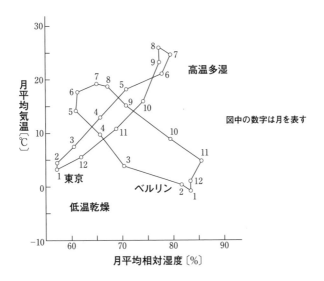

② デグリーデー

　冷房または暖房を開始する温度を設定し，1日の平均気温がそれを上回った（暖房の場合は下回った）ときの温度差を累積したものです。

　たとえば，1日の平均気温が24℃を超えたら冷房を開始する設定の場合，10日間で，24℃を超えたのは，25℃（2日間）と26℃（1日間）のとき，デグリーデーは次のとおりです。

　1℃×2日＋2℃×1日＝4〔℃ day〕

6 水質汚濁の指標

　湖沼や河川などの水質汚濁の指標には，次のようなものがあります。

① BOD (Biochemical Oxygen Demand)

　水中に含まれる有機物が微生物によって酸化分解される際に消費される酸素量〔mg/L〕で表されます。

② COD (Chemical Oxygen Demand)

水中に含まれる有機物が酸化剤で化学的に酸化したときに消費される酸素量〔mg/L〕で表されます。

③ SS (Suspended Solid)

水中に含まれる粒径2mm以下の浮遊物質です。

④ DO (Dissolved Oxygen)

水中に溶けている酸素のことです。生物の呼吸や溶解物質の酸化などで消費されます。

補足

℃day
温度に日数を掛けた単位です。「度日」ともいいます。

BOD
Biochemical（生物化学的）Oxygen（酸素）Demand（要求量）の略で、1Lの水を20℃で5日間放置して調べます。

過去問にチャレンジ！

問1　　　　　　　　難　**中**　易

気象に関する記述のうち，適当でないものはどれか。

(1) クリモグラフからは，季節による各地域における気候の特色の相違を知ることができる。

(2) 暖房デグリーデーとは，1日の平均気温が暖房開始温度を下回ったときの温度差を累積したものである。

(3) 可視線の波長は，紫外線の波長より長く，赤外線の波長よりも短い。

(4) 夏期は，大気に含まれる水蒸気量が多くなるため，大気透過率は冬期よりも大きくなる。

解説

夏期は，大気に含まれる水蒸気量が多く，太陽光が乱反射して直達日射量が減るため，大気透過率は冬期よりも小さくなります。

解答 (4)

室内環境

1 温熱環境

温熱環境の指数には，次のような温度があります。

①有効温度（ET）

ヤグローが実験的に求めた温度で，乾球温度，湿球温度および気流速度（風速）の3つの要素を考慮した温度です。

乾球温度，湿球温度から相対湿度が求められるので，実質的には気温，湿度，気流速度を3要素と呼んでいます。

この3つの要素を，同じ体感を得る，無風，湿度100％のときの気温で表したものです。つまり，3つの要素を1つの温度で表そうとするものです。

右図を見てください。A室の温度は23℃，湿度50％，風速0.1m/sとします。快適な環境といえます。ある人がその中にしばらくいて，すぐにB室に移動します。B室は無風，湿度100％で，温度は変えることができます。A室と同じ体感を得るには，23℃では暑く，20℃とすれば，この20℃が有効温度です。

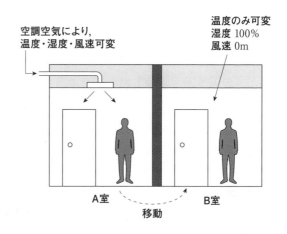

空調空気により，温度・湿度・風速可変

温度のみ可変
湿度100％
風速0m

A室　移動　B室

②修正有効温度（CET）

気温，湿度，気流速度のほかに**放射熱**の影響を加味したもので，より実感に近い温度です。4つの要素を1つの温度で表したものです。

放射熱はグローブ温度計を用いて測定します。構造は，直径15cmのグローブ（黒球）で覆われています。

温度計

銅板に黒ツヤ消し塗装輻射熱の影響を受けにくい

グローブ温度計

③新有効温度（ET*）

湿度50％を基準とし，気温，湿度，気流速度，放射熱，着衣量，作業強度の6つの要素で総合的に評価するものです。

④平均放射温度（MRT）

周囲からの放射熱による温度を平均したものです。室温より低ければ涼しさを感じます。室内環境を表す指標の一つです。

⑤PMVとPPD

PMVは「予測平均申告」，PPDは「予測不満足者率」のことです。

暑い，寒いといった感覚を7つの指標に分け，それに対する不満足者の割合を％で表したものです。

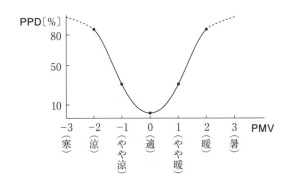

補足

乾球温度
感熱部が露出した温度計です。

湿球温度
温度計の感熱部にガーゼが巻いてあり，水壺に浸してあります。水が蒸発すると熱を奪うため温度が低くなり，その値を測定します。

ET，CET，ET*
ET：Effective
　　Temperature
CET：Corrected
　　　ET
ET*：New ET（着衣は薄着，椅子に座った状態，気流は弱めという条件下での温度）
有効温度→修正有効温度→新有効温度と発展してきました。

MRT
Mean Radiant
Temperatureの略。

PMV
Predicted Mean
Voteの略。「予想平均温冷感申告」との日本語訳もあります。

PPD
Predicted Percentage
of Dissatisfiedの略。
「予想不満足者率」の日本語訳もあります。

2　室内空気の基準

　建築基準法とビル管理法（通称）では，居室内で空調管理を行う場合の
許容値の目安が，次のように規定されています。

浮遊粉じんの量	0.15mg/m³以下
一酸化炭素の含有量	6ppm以下
二酸化炭素の含有量	1,000ppm以下
温度	18〜28℃
相対湿度	40〜70%
気流	0.5m/s以下
ホルムアルデヒド	0.1mg/m³以下

※基準値は，法規「建築基準法」からも出題されます。

3　室内汚染物質

　室内空気を汚染する主な物質には，次の3つがあります。

①一酸化炭素（CO）

　開放型燃焼器具の不完全燃焼によって発生します。タバコの煙にも含ま
れる無色無臭の気体です。空気中の一酸化炭素濃度が高くなると死亡する
危険があり，室内環境基準の許容値は6ppmです。

②二酸化炭素（CO_2）

　炭酸ガスともいい，空気より重く，人体に有害な気体です。大気中には
約400ppm（0.04％）の二酸化炭素があり，室内環境基準の許容値は
1,000ppm（0.1％）です。二酸化炭素の濃度は，浮遊粉じん量と同様に室
内空気の汚染度を示す指標として用いられています。室内空気中の二酸化
炭素の濃度は，人体の代謝（人の呼吸）のため，外気より高くなります。
なお，室内空気中の二酸化炭素の許容値は，一酸化炭素より高い値です。

③ホルムアルデヒド

　揮発性有機化合物（VOCs）の一つで，ホルマリンが気化したものです。無色で刺激臭があります。揮発性有機化合物は，シックハウス症候群の原因物質で，建築基準法では，建築材料からの飛散または発散による衛生上の支障を生ずるおそれがある物質として，規制の対象となっています。

4 湿り空気と乾き空気

　湿り空気とは水蒸気を含んだ空気で，乾き空気とは水蒸気をまったく含まない空気をいいます。なお，大気中の空気は湿り空気です。

　湿り空気は，水蒸気と乾き空気が混じっていると考えます。乾き空気中に含まれる水蒸気の量には限度があり，水蒸気を最大限含んだときの空気を，飽和湿り空気（または単に飽和空気）といいます。空気の温度を下げてゆくと，水蒸気が結露（水滴）し始めます。このときの温度を露点温度といいます。

　また，水蒸気が湿り空気中にどのくらいあるかを示すものが湿度です。湿度の表し方には次の2通りがあります。

①相対湿度

　日常的に使われているもので，一般に湿度といえば相対湿度を指します。

$$相対湿度〔\%〕 = \frac{湿り空気の水蒸気分圧}{飽和湿り空気の水蒸気分圧}$$

補足

許容値
法令などで許される数値，限界値のことです。

ppm
Percent Per Million の略で，1ppm＝百万分の1です。

開放型燃焼器具
石油ストーブのように，燃焼用空気を室内から取り込み，燃焼ガスも室内に排気するものです。

揮発性有機化合物
50〜260℃程度の温度で気化する，炭素を含んだ物質です。なお，揮発温度は，種類により異なります。

シックハウス症候群
新築の家に入ると，接着剤，新建材などによって頭痛，めまいなどの症状が出ること。

水蒸気分圧
分圧とは，ある密閉容器に複数の気体が混じっているとき，それぞれの気体がもつ圧力のことです。大気中には乾き空気と水蒸気があり，そのうち水蒸気が占める圧力が水蒸気分圧です。

②絶対湿度

　乾き空気1kgに対する水蒸気（水分）の重さのことです。

　たとえば，目の前にある湿り空気を適量取り出します。この空気中の水蒸気を完全に取り除くと，乾き空気が残ります。その乾き空気の重さが1kgで，取り除いた水蒸気の重さが0.015kgとすれば，絶対湿度は，0.015〔kg/kg（DA）〕となります。

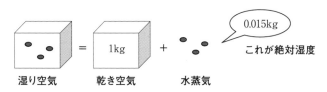

5　湿り空気線図

　次の図は湿り空気線図です。ある空気の温度（乾球，湿球），湿度（絶対，相対），などの状態を示しています。各温度は，湿り空気線図と次のように対応しています。

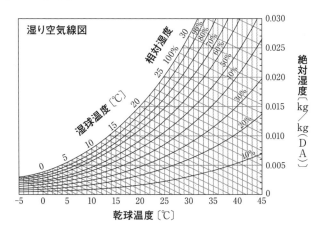

- 乾球温度〔℃〕：横軸
- 湿球温度〔℃〕：斜線（右下がり）
- 絶対湿度〔kg/kg（DA）〕：縦軸
- 相対湿度〔%〕：曲線

①空気の状態がわかる

　湿り空気線図からA点は，乾球温度33〔℃〕，湿球温度27〔℃〕，絶対湿度0.02〔kg/kg・DA〕，相対湿度60〔%〕の空気であることがわかります。

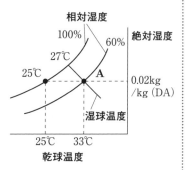

②露点温度がわかる

　上の湿り空気線図から33〔℃〕で0.02〔kg〕の空気の乾球温度を下げてゆくと，相対湿度100〔%〕の曲線にぶつかります。その温度が露点温度25℃で，真下の乾球温度も同じです。

◆湿り空気の特徴

- 飽和湿り空気の乾球温度と湿球温度は，等しい。
- 飽和湿り空気の相対湿度は，100%である。
- 湿り空気を加温しても，絶対湿度は変わらない。
- 湿り空気を加湿すると，絶対湿度は上がる。

6 結露

　冷たい水を入れたコップをテーブルに置くと，周囲の空気が冷やされてコップの外側に水滴が付きます。これが結露です。暖めた部屋の窓の内側に水滴が付くのも同じ現象です。結露は，空気の温度が下がることによって，室内の水蒸気が飽和状態（相対湿度100%）

補足

DA
Dry Air（乾き空気）のことです。

湿り空気線図
湿り空気線図に示されている要素のうち2つの状態がわかれば，その交点を求めて他の要素もわかります。単に空気線図ともいいます。

1
環境

となり，水分として出てくる現象です。

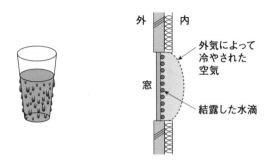

次の湿り空気線図から，何℃で結露が始まるかを読み取れます。

たとえば20℃で，0.01kgの水蒸気を含んでいる点Aの空気を14℃まで冷やすとB点で飽和空気曲線とぶつかります。このぶつかった地点が露点温度で，このB点以下に温度を下げると一部の水蒸気が結露を始めます。

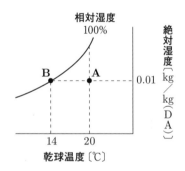

つまり，結露は温度が低い場所で発生するということです。断熱性が悪い窓や，室内空気の流動が少ない押入れ，部屋の隅などは結露が発生しやすい場所です。

壁体の表面温度が室内空気の露点温度より低くなると，壁体の表面に結露を生じるので，断熱材を施します。壁に断熱材を用いると，熱貫流抵抗が大きくなり，結露を生じにくくなります。

そのほか，結露防止策としては，鉄骨やダクトなど冷えやすい金属部分には被覆し，露出しないようにすることや，換気をよくして水蒸気を出さないことも重要です。

14

7 水

水には次のような性質があります。

- 1気圧のもとで水が氷になると，その容積（体積）は約10%増加します。
- 1気圧のもとで水の密度は，4℃付近で最大となります。
- 1気圧における空気の水に対する溶解度は，温度の上昇とともに減少します。
- マグネシウムイオンの多い水は硬度が高くなります。この水を硬水といいます（逆が軟水）。

◆水素イオン濃度 (pH)

水素イオン濃度の大小はpHで表します。その数値により，酸性，中性，アルカリ性であるかがわかります。

　　　pH＜7→酸性
　　　pH＝7→中性
　　　pH＞7→アルカリ性

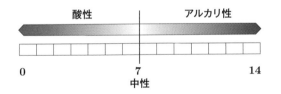

8 音

音に関する用語には，次のものがあります。

①可聴周波数

音は波であり，人の耳で聴くことができる音の周波

補足

飽和空気曲線
相対湿度が100%の曲線です。飽和空気線ともいいます。

熱貫流抵抗
熱が壁などを通ることを熱貫流といい，それを壁が阻止するのを熱貫流抵抗といいます。

1気圧
大気（大地上にある空気の層）の圧力をいいます。約1,013〔hPa〕です。おおむね深さ10mの水圧に相当します。

水→氷
水に比べて容積（体積）が増えた分，氷の密度は水に比べて小さくなります。なお，密度とは単位体積当たりの質量を表したもので，一般に単位は〔kg/m³〕です。

溶解度
ある物質が，他の物質に溶ける量の最大値をいいます。

周波数
1秒間に波が何回振動するかを表したものです。周波数の単位は〔Hz〕です。

1
環境

数はおよそ20～20,000〔Hz〕です。20Hz
は非常に低い音，20,000 Hzは非常に高い
音です。

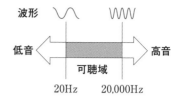

なお，Hzとは周波数の単位で，1秒間に
波が何回振動するかを表します。

②騒音

　騒音は純音と違い，いろいろな周波数が混じり合っています。騒音を分
析して，周波数別に音圧レベルを示したものがNC（Noise Criteria）曲
線です。

　なお，〔dB〕とは音の強さのレベルや音圧レベルを表す単位です。レベ
ルとは，ある基準値と比較し，対数（log）で表したものです。

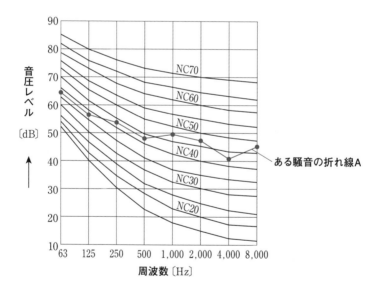

　図中の折れ線Aは，1,000Hzと2,000HzでNC45を超えてNC50以下なの
で，この騒音の評価はNC50となります。NC値が小さいほど騒音が小さく，会
話がしやすいことになります。

過去問にチャレンジ！

問1　　　　　　　　　　　　　　　　　　　難　中　易

室内環境を表す指標として，関係のないものはどれか。

(1) 有効温度（ET）
(2) 揮発性有機化合物（VOCs）濃度
(3) 浮遊物質（SS）
(4) 平均放射温度（MRT）

解 説

浮遊物質（SS）は，水中で溶けずに浮遊している物質のことです。

解 答　(3)

問2　　　　　　　　　　　　　　　　　　　難　中　易

湿り空気に関する記述のうち，適当でないものはどれか。

(1) 飽和湿り空気の乾球温度と湿球温度は等しい。
(2) 飽和湿り空気の相対湿度は100％である。
(3) 絶対湿度は，湿り空気中に含まれる乾き空気1kgに対する水蒸気の質量を示す。
(4) 湿り空気を加熱すると，絶対湿度は下がる。

解 説

湿り空気を加熱しても，絶対湿度は変わりません。

解 答　(4)

 **流体**

まとめ & 丸暗記 　この節の学習内容とまとめ

☐ 流体

流体の種類	圧縮性	代表例
気体	圧縮性流体	空気
液体	非圧縮性流体	水

☐ 静圧，動圧，全圧の関係

全圧 = 静圧 + 動圧

$$P_t = P_s + \frac{1}{2}\rho v^2$$

P_t：全圧〔Pa〕　P_s：静圧〔Pa〕　ρ：流体の密度〔kg/m³〕　v：流速〔m/s〕

☐ **完全流体**　粘性係数が0の流体（粘性のない流体）

☐ 層流と乱流

流れ	レイノルズ数（Re）
層流	小さい
乱流	大きい

☐ ダルシー・ワイスバッハの式

$$\Delta P = \frac{\lambda \ell \rho v^2}{2d}$$

ΔP：圧力の損失分〔Pa〕　　λ：管摩擦係数　　ℓ：管長〔m〕
ρ：流体の密度〔kg/m³〕　　v：流速〔m/s〕　　d：管径（直径）〔m〕

流体の用語と基本

1 流体

流体とは流動的な物体で，次の2つをいいます。

①気体

圧縮すると体積を変えやすいことから，**圧縮性流体**といいます。

一般に，空気は圧縮性流体です。

②液体

圧縮しても体積が変わりにくい性質です。これを**非圧縮性流体**といいます。

一般に，水は非圧縮性流体です。

2 毛細管現象

毛細管現象は，液体の**表面張力**による現象です。水の中に細い管を入れると，管内に先に入った水が，表面張力により後の水を引き上げるため，管内の水が上昇します。

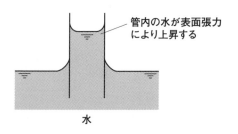

管内の水が表面張力
により上昇する

水

補足

2
流体

圧縮
流体に圧力を加えることです。密閉容器内に静止している流体の一部に加えた圧力は，流体のすべての部分にそのまま伝わります。なお，固体は流体ではありません。

毛細管現象
毛管現象ともいいます。タオルの繊維が水を吸い込むことや，樹木の根が水分を枝葉に送るのもこの現象です。水の場合は細い管やすき間を上昇しますが，水銀は下降します。

表面張力
水の分子が引き合う力です。表面積をできるだけ小さくしようとする性質があります。朝露が球体となるのは，表面張力によるものです。

3 静圧と動圧

静圧は流体の流れ方向に対して垂直方向に働く圧力で，動圧は流体の速度による圧力といえます。両方合わせて全圧になります。

なお，圧力の表し方には，ゲージ圧と絶対圧があり，ゲージ圧は絶対圧から大気圧を差し引いた圧力です。

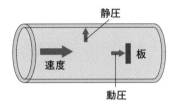

全圧＝静圧＋動圧

また，動圧は次の式で表されます。

$$動圧 = \frac{\rho v^2}{2}$$

ρ：流体の密度〔kg/m³〕　v：流速〔m/s〕

4 ピトー管

ピトー管は，全圧と静圧の差を測定する計器で，この測定値から流速を算出することができます。

管路内の流れに平行に置かれた2重管の先端部の測定孔による全圧と，側壁に設けられた測定孔による静圧の差により，流速を算出します。

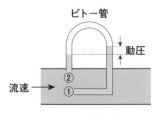

①：全圧測定
②：静圧測定

また，ピトー管同様，管路の途中に設ける装置にベンチュリー管があります。ベンチュリー管は，管の途中に絞りを設け流量を計測します。

粘性による摩擦応力が，速度勾配に比例する流体をニュートン流体といいます。たとえば，川の水の流れは抵抗により川岸の流れは遅く，中心部は早くなりますが，このような流体がニュートン流体です。水はニュートン流体として扱います。

また，定常流とは，流れの状態が，場所のみによってのみ定まり時間的には変化しない流れをいいます。

5 粘性

運動している流体には，流体相互または固体壁との境界で摩擦力が作用します。この性質を粘性といいます。粘性による摩擦応力の影響は，一般に，物体表面（境界層）の近くで顕著に現れます。粘性係数が0の流体，つまり粘性のない流体を完全流体といいます。完全流体は圧力しか存在しない理想的な流体です。

6 層流と乱流

水道の蛇口を絞って細い水流としたとき，水流の向こう側が見通せます。水の粒子が整然と層を成して流れているので層流といいます。逆に蛇口を全開すると水流は乱れます。これが乱流です。図は層流，乱流のイメージです。

補足

ゲージ圧
一般にこちらを使って表します。

摩擦応力
摩擦力が流体内部に及ぶ力のことです。

粘性係数
粘性の程度を表す数値で，大きいほど粘り気があります。100℃の湯の場合，0℃の水の約 $\frac{1}{6}$ です。したがって，粘性係数が小さい湯は，水より粘り気がなくサラサラした感じになります。液体の粘性係数は温度が高くなるにつれて減少します。一方，空気などの気体はその逆です。なお，流体の密度を ρ とすると，粘性係数（μ：ミュー）と動粘性係数（v：ニュー）には，$v=\mu/\rho$ の関係があります。

レイノルズ数
単位の付かない無次元数です。

21

層流   乱流

　一般に，レイノルズ数が小さければ層流，大きければ乱流です。レイノルズ数は，乱流域と層流域を判定する目安となります。

過去問にチャレンジ！

問1 　　　　　　　　　　　　　　　　　　　　　難　**中**　易

　ピトー管に関する文中，[　　]内に当てはまる用語の組合せとして，適当なものはどれか。

　ピトー管は，水平管内を流れる流体の[　A　]と静圧の差を測定する計器で，この測定値から[　B　]を算出することができる。

	(A)	(B)
(1)	全圧	流速
(2)	動圧	流速
(3)	全圧	摩擦損失水頭
(4)	動圧	摩擦損失水頭

解説

　全圧と静圧の差が動圧 $= \dfrac{\rho v^2}{2}$ なので，流速 v が計算できます。なお，摩擦損失水頭とは，管内を流れる流体が摩擦抵抗を受ける損失の大きさを，水の高さで表したものです。同様に，圧力で表したものを摩擦損失圧力といいます。

解答　(1)

流体の定理・現象

1 ダルシー・ワイスバッハの式

流体が直管路を流れるとき，粘性のために摩擦損失があり，これを圧力損失と考えます。

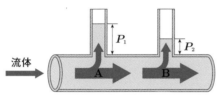

圧力損失 $\Delta P = P_1 - P_2$

圧力の損失分 ΔP〔Pa〕は次の式で計算できます。

$$\Delta P = \frac{\lambda \ell \rho v^2}{2d}$$

λ：管摩擦係数　　ℓ：管長〔m〕　　ρ：流体の密度〔kg/m³〕
v：流速〔m/s〕　　d：管径（直径）〔m〕

この式をダルシー・ワイスバッハの式といいます。式の中の $\dfrac{\rho v^2}{2}$ が動圧です。

この式から，円管の直管部の摩擦損失は動圧と長さに比例し，管径の大きさに反比例することがわかります。

2 ベルヌーイの定理

管路を流れる流体が，摩擦抵抗などのない理想的な完全流体であるとすれば，エネルギー保存の法則が成

補足

圧力損失 ΔP
本文図中，「ΔP＝A点での全圧－B点での全圧」です。

管摩擦係数
流体が管路を流れるとき，摩擦力を計算するための数値です。

ダルシー・ワイスバッハの式
功績のあったダルシーとワイスバッハの2人の名を冠しています。「2台（$2d$）分のラム（λ）得る（ℓ）老美人（ρv^2）」と覚えるとよいでしょう。

ベルヌーイの定理
ベルヌーイという人が示した定理です。次ページの①はエネルギー〔J〕，②は水頭〔m〕で表した式です。

エネルギー保存の法則
完全流体のエネルギーは「位置エネルギー」「圧力エネルギー」「運動エネルギー」から成ります。これらの総和は変わりません。

り立ちます。

ρ：流体の密度〔kg/m³〕，g：重力加速度9.8〔m/s²〕，h：位置（高さ）〔m〕，P：圧力〔Pa〕，v：流体の速度〔m/s〕の場合，

$$\rho gh + P + \frac{\rho v^2}{2} = \text{一定} \quad \cdots\cdots ①$$

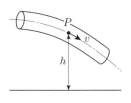

となり，これをρgで割ると，

$$h + \frac{P}{\rho g} + \frac{v^2}{2g} = \text{一定} \quad \cdots\cdots ②$$

となります。これをベルヌーイの定理といい，流体のもつエネルギーの総和が，流線に沿って変わらないことを示しています。

※ ρgで割ると，②の3つの要素がすべて〔m〕という単位で表せます。

3　パスカルの原理

　密閉された流体の一部に圧力を加えると，その圧力は同じ強さで流体のすべての方向に伝わります。これをパスカルの原理といいます。押された部分だけが押し返されるのではありません。

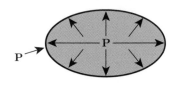

パスカルの原理

4　ウォーターハンマー現象

　水が管路を流れている場合，弁を急に閉止したときに上昇する圧力をP〔Pa〕，圧力波の伝搬速度をa〔m/s〕，水の流速（当初）をv〔m/s〕，水の密度

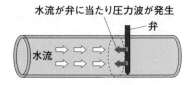

水流が弁に当たり圧力波が発生
弁
水流
ウォータハンマ現象のしくみ

をρ〔kg/m³〕とすると，次の式が成り立ちます。

$$P = av\rho$$

この式をジューコフスキーの公式と呼びます。

この公式は，ウォータハンマ現象のことを説明しています。管路を流れる水を弁により急閉止すると，圧力波が発生して上流側の弁や配管に振動，騒音を発生させる現象です。

ウォータハンマの防止策は，この式から明らかなように，流体の流速を小さくすることです。具体的には流速を2m/s以下とします。また，鋼管ではなく硬質塩化ビニル管を使用したほうが，たわみ性があり圧力を吸収することから，ウォータハンマが発生しにくくなります。

補足

圧力波
弁を急閉止したことにより発生する，圧力の高い波（振動）です。

ウォータハンマ現象
水が圧力変動を起こし，金づちで配管を叩くような音を出す現象です。水撃作用ともいいます。

過去問にチャレンジ！

問1 　　　　　　難 **中** 易

直管路を流体が満流で流れている場合の摩擦損失に関する記述のうち，適当でないものはどれか。ただし，**摩擦損失はダルシー・ワイスバッハの式**によるものとする。

(1) 摩擦損失は，管の長さに比例する。
(2) 摩擦損失は，管の内径に反比例する。
(3) 摩擦損失は，流体の密度に反比例する。
(4) 摩擦損失は，流体の速度の2乗に比例する。

解説

$\Delta P = \dfrac{\lambda \ell \rho v^2}{2d}$ から，摩擦損失は流体の密度に比例します。

解答 (3)

一般基礎●第1章

2 流体

25

3 熱

まとめ & 丸暗記　　この節の学習内容とまとめ

- [ ] 物質の三態
  固体　液体　気体

- [ ] 熱の伝わり方
  伝導　対流　放射

- [ ] 顕熱（けんねつ），潜熱（せんねつ），全熱
  顕熱 + 潜熱 = 全熱

  $$顕熱比(SHF) = \frac{顕熱}{全熱}$$

- [ ] 熱容量　物体の温度を1℃上昇させる熱量
  比熱　　　1kg当たりの物質を1℃上昇させる熱量

- [ ] 熱量　　$Q = mc\Delta t$
  Q：熱量〔J〕　　m：質量〔kg〕　　c：比熱〔J/kg·K〕　　Δt：温度上昇〔K〕

- [ ] 気体の比熱
  定圧比熱：圧力一定時の比熱
  定容比熱：体積一定時の比熱
  定圧比熱 > 定容比熱

- [ ] 温度の表示
  $0〔℃〕 ≒ 273〔K〕$

- [ ] ボイル・シャルルの法則

  $$\frac{PV}{T} = \frac{P'V'}{T'} = 一定$$

  T：温度〔K〕　　P：圧力〔Pa〕　　V：体積〔m³〕

- [ ] 断熱膨張：外部からの熱の出入りのない状態（断熱状態）で気体
  　　　　　を膨張させること→温度は下がる
  断熱圧縮：断熱状態で圧縮すること→温度は上がる

熱の用語と基本

1 物質の三態

物質は，基本的には
次の3つのいずれかの
状態にあります。

- 固体
- 液体
- 気体

固体，液体，気体を物質の三態といいます。熱を加えたり取り去ったりすることにより，物質の状態が変わります。このような状態の変化のことを相変化といい，それぞれ用語が定められています。たとえば，固体が直接気体になる相変化を昇華といいます。単一の物質では，融解点と凝固点，沸点と凝縮点の温度はそれぞれ同じです。

2 熱の伝わり方

熱は一般に，温度の高いほうから低いほうへ移動します。これを伝熱といい，伝わり方には次の3つがあります。

①伝導

同一物質または接触した物質どうしの間で起こる，固体間または固体内部での熱の移動です。熱は原則的に，温度の高いほうから低いほうへ移動し，時間が経つと均一になります。

相変化
物質の三態において，ある状態から異なる状態に変わることです。単一の物質では，たとえば固体（氷）から液体（水）の相変化における温度は変わりません。

沸点
水が沸騰するときの温度です。1気圧のときの沸点は約100℃（99.97℃）ですが，気圧が下がると沸点も下がります。

伝熱
熱は低温の物体から高温の物体へ自然に移ることはありません。

②対流

気体や液体が熱により移動することです。熱せられた空気は体積が膨張し，密度が小さくなるため上方に移動し，冷たい空気がそこに入ってきます。つまり，流体温度の異なる部分の密度の差により，上昇流と下降流が起こることで生じます。これが自然対流です。

③放射

遠赤外線などの電磁波により起こる熱の移動です。熱放射による熱エネルギーの移動は真空中でも起こります。つまり，媒体を必要としません。

---

3 顕熱と潜熱

熱には，物質の温度を変化させる熱（顕熱）と，状態を変化させる熱（潜熱）があります。

たとえば，コップに15℃の水があり，これに熱を加えると水温が上昇します。このときの熱を顕熱といいます。さらに加熱すると水は100℃の湯になります。この状態で熱を加えても温度は上がりません。その代わり，湯という液体から，蒸気という気体に変化しています。このように，温度を変化させず，状態変化を起こす熱を潜熱といいます。

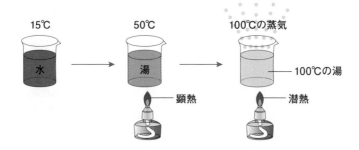

つまり，顕熱の「顕」は「あらわれる」という意味があり，相変化を伴わず，物体の温度を変えるための熱です。一方，潜熱の「潜」は「ひそむ」という意味があり，温度を変えることなくひそかに物質の状態を変えています。この2つの熱を合計したものを全熱といいます。

> 顕熱 + 潜熱 = 全熱

また，顕熱比は，次の式で定義されます。

> $$顕熱比(SHF) = \frac{顕熱}{全熱}$$

過去問にチャレンジ！

問1 ｜ 難 ｜ 中 ｜ **易**

固体，液体および気体の相変化に関する図中，□□□内に当てはまる用語の組合せとして，適当なものはどれか。

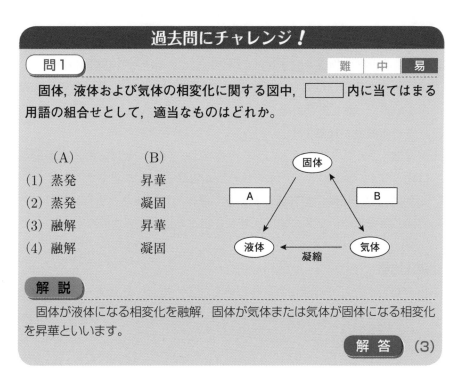

	(A)	(B)
(1)	蒸発	昇華
(2)	蒸発	凝固
(3)	融解	昇華
(4)	融解	凝固

解説

固体が液体になる相変化を融解，固体が気体または気体が固体になる相変化を昇華といいます。

解答 (3)

熱の性質

1 熱はエネルギー

　エネルギーとは，物体を動かしたり状態を変えたりするものを意味します。物体の外部から熱を加えると，内部の温度が上昇します。これは物体内部の原子や分子の運動が活発化するからです。

　大きな熱量をもった蒸気はピストンを押します。また，容器内の空気を外部から加圧すると，空気の温度は上昇します。

　このように，熱はエネルギーであるので，熱量の単位はエネルギーと同じく，SI単位の〔J：ジュール〕が使われます。

2 熱容量と比熱

　熱容量とは，物体の温度を1℃上昇させる熱量です。コンクリートのように熱容量の大きい物質は温まりにくいが冷めにくいという特徴があります。

　重い物質は熱容量が大きくなります。ただし，これでは他の物質と比較できないので，同じ質量で比べる必要があります。1kg当たりの物質を1℃上昇させる熱量が比熱です。

　例えば，1気圧のもとで水1kgの温度を1K（1℃）上げるのに必要な熱量は約4.2kJです。つまり，水の比熱は4.2kJということです。

　比熱には定圧比熱と定容比熱があり，液体の定圧比熱と定容比熱はほとんど同じ値ですが，気体の定圧比熱と定容比熱は値が異なります。

①定圧比熱

　圧力を一定にして外部から気体に熱を加えた場合，熱は気体の温度を上昇させるだけでなく，気体を膨張させることにも使われます。

②定容比熱

定容比熱は体積一定の条件での比熱です。膨張させず外部に対して仕事をしないので，熱がすべて気体の温度上昇に使われます。

このことから，気体の温度を1℃上昇させる熱量は，定圧比熱のほうが大きいことがわかります。

定圧比熱   定容比熱

(a)   (b)

（a）では圧力（P）一定とするため，体積（V）は膨張します。このとき，加えた熱の一部が体積膨張のために使われるので，気体の温度を1℃上げるのに，たくさんの熱が必要になります。

一方，（b）では，体積の膨張はないので，熱がすべて気体の温度上昇に使われます。（a）に比べ，1℃上げるのに少ない熱でよいことになります。

3 ボイル・シャルルの法則

①温度の単位

一般に使用される温度の単位は〔℃〕ですが，熱力学では，国際単位（SI単位）である〔K：ケルビン〕を用います。〔℃〕と〔K〕の関係は次のとおりです。

$$0 〔℃〕 ≒ 273 〔K〕$$

つまり，〔℃〕を〔K〕に直すときは273を足します。

補足

原子，分子
物質を作る最小単位の粒子が原子で，それが結び付いたものが分子です。たとえば，酸素原子はOで，酸素分子はO_2です。

SI単位
SIとはSymbol of International（国際単位）の略で，国際的に通用する単位です。

比熱
正式には比熱容量といいます。単位質量当たりの熱容量です。

物理学上の仕事
気体を膨張させて体積を増やすことを「外部に対して仕事をする」と表現します。熱と仕事は，ともにエネルギーの一種であり，これらは相互に変換することができます。

℃とK
「1℃の上昇」と「1Kの上昇」は同じ意味です。0K（＝-273℃）を絶対零度といいます。

3
熱

②ボイル・シャルルの法則

$$\frac{PV}{T} = \frac{P'V'}{T'} = \text{一定}$$

T: 温度〔K〕　P: 圧力〔Pa〕　V: 体積〔m³〕

　この関係をボイル・シャルルの法則といいます。この法則は，次の2つの法則を合成したものです。

　・ボイルの法則　　$PV = \text{一定}$（温度は一定に保つ）

　・シャルルの法則　$\frac{V}{T} = \text{一定}$（圧力は一定に保つ）

　下図は，容器の圧力と体積の状態を表したものです。棒を押すと容器の体積は減りますが，圧力は上昇します。結果，$PV = P'V'$ となります。

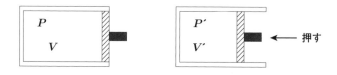

　ボイル・シャルルの法則が成り立つ気体を理想気体といい，次のことがわかります。

- ●気体の等温変化においては，圧力と体積の積は一定です。
- ●体積を一定に保ったまま気体を冷却すると，圧力は低くなります。

　たとえば，圧力一定で，0℃の体積をV, 1℃の体積をV'とすると，$\frac{V}{273} = \frac{V'}{274}$ が成り立ちます。これより，$V' = \frac{274V}{273}$ となり，理想気体の体積は，温度が1℃上がるごとに，0℃のときの体積の $\frac{1}{273}$ ずつ増加します。

4 断熱

外部からの熱を断つことを断熱といいます。断熱膨張とは外部からの熱の出入りのない状態で気体を膨張させることで，断熱圧縮とは断熱状態で圧縮することです。

気体は，断熱膨張させると温度が下がり，断熱圧縮させると温度が上がります。

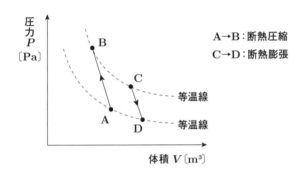

A→B：断熱圧縮
C→D：断熱膨張

補足

ボイルの法則

P（圧力）とV（体積）は反比例の関係です。

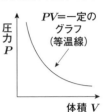

$PV=$一定のグラフ（等温線）

3

熱

シャルルの法則

T（温度）とV（体積）は，比例関係です。

$\dfrac{V}{T}=$一定のグラフ

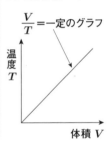

過去問にチャレンジ！

問1 　　　　　　　　　　難　中　**易**

熱に関する記述のうち，適当でないものはどれか。

(1) 気体では，定容比熱より定圧比熱のほうが大きい。

(2) 気体の等温変化においては，圧力と体積の積は一定である。

(3) 気体を断熱圧縮しても，温度は変化しない。

(4) 物体の温度を1K上げるのに必要な熱量を，熱容量という。

解説

気体を断熱圧縮すると，温度は上がります。

解答 (3)

電気

まとめ & 丸暗記　　この節の学習内容とまとめ

☐ **オームの法則と電力の式**
オームの法則：$E = IR$　　　電力の式：$P = EI$
E：電圧〔V〕　　R：抵抗〔Ω〕　　I：電流〔A〕　　P：電力〔W〕

☐ **電気方式**

電気方式	電圧	使用機器
単相3線式	100V，200V	照明器具，コンセント
三相3線式	200V	電動機（モータ）

☐ **可とう電線管**

種類	自己消火性	使用箇所
PF管	あり	コンクリート埋め込み，露出，転がし
CD管	なし	コンクリート埋め込みに限定

☐ **電動機（モータ）**
誘導電動機が多用
三相電源の3本の電線のうち2本を入れ替えると，回転方向が
逆になる

☐ **インバータ制御**
長所：電動機の回転速度可変，電源設備容量小
短所：高調波が発生（高調波除去対策が必要）

電気設備

1 電気理論

①オームの法則

　乾電池に豆電球をつなぐと点灯します。電池の電圧をE〔V：ボルト〕，豆電球の抵抗をR〔Ω：オーム〕，流れる電流をI〔A：アンペア〕とすると，次の式で表せます。

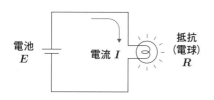

$$E = IR$$

　この関係をオームの法則といいます。

　たとえば，2Ωの抵抗に10Vの電圧をかけると，$I = \dfrac{E}{R} = \dfrac{10}{2} = 5$Aの電流が流れます。

②消費電力

　豆電球に電流が流れ，電気が熱や光に変わります。このとき，豆電球で消費される電力P〔W：ワット〕は，次の式で表せます。

$$P = EI$$

電圧
電圧は，アルファベットのEまたはVで表しますが，電圧の単位がV（ボルト）なので，本書ではEで表すことにします。

消費電力
電力の式$P = EI$に，オームの法則の式$E = IR$を組合わせると，$P = I^2R$となります。

35

たとえば，電気ヒータに100Vの電圧をかけると，6A流れました。この
ときの電気ヒータの消費電力は，$P = EI = 100 \times 6 = 600$W です。

③直流と交流

電気には，時間が経っても電圧，電流の大きさが変わらない**直流**と，電
圧，電流の大きさや流れる方向が変わる**交流**があります。

たとえば，乾電池や蓄電池は直流をつくり出す**電源**です。私たちの家に
電気会社から送られるのは交流の電源です。

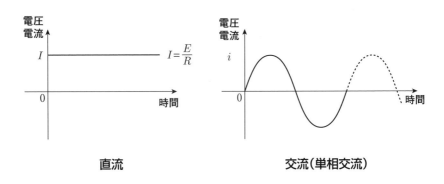

直流 交流（単相交流）

交流には，家庭で使用する**単相交流**のほか，電動機（モータ）など，パ
ワーを必要とする場合に用いられる**三相交流**があります。

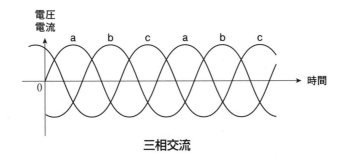

三相交流

単相交流の電源は，1つのコイル（電線をらせん状に巻いたもの）を用
いて発電機でつくります。一方，三相交流は，3つのコイルを使います。発
電機からの3つの電圧（上図のa，b，c）は時間的にずれています。

2 電圧の種別

電圧は，その大きさによって呼び方が異なります。

電圧の種別	交流	直流
低圧	600V以下	750V以下
高圧	600Vを超えて7000V以下	750Vを超えて7000V以下
特別高圧	7000Vを超える	7000Vを超える

3 電気の方式

　交流は，照明器具や電動機（モータ）などに使用します。主な電気方式は次のものです。

①単相3線式

　家庭や小規模事務所などに送られる電気方式です。100Vと200Vの電圧が使える単相交流の電気です。

　次の図は，変圧器で高圧から100Vと200Vの低圧にして電気を供給する方法を示したものです。

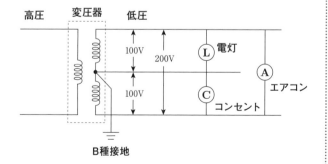

4

電気

②三相3線式

　電動機などに使える電気方式です。200Vの電圧が使える三相交流の電気です。

　次の図は，変圧器で高圧を三相の200Vにして電気を供給する方式です。

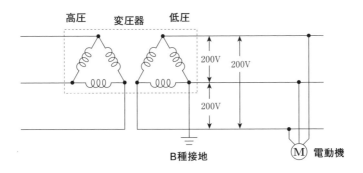

4 電気用品と図記号

電気用品と図記号には，次のようなものがあります。

- 配線用遮断器: 過負荷，欠相保護，短絡保護に用いられます。
- 漏電遮断器 : 電気が漏れたときに電気を遮断（地絡保護）します。
- 3Eリレー : 過負荷，欠相，反相を保護します。
- 進相コンデンサ : 回路の力率を改善するための電気機器です。

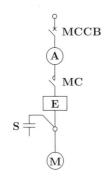

MCCB ：配線用遮断器
A 　　：電流計
MC 　：電磁接触器（電磁石を用いたスイッチ）
E 　　：保護継電器（3Eリレーなど）
S 　　：進相コンデンサ（Cとも表記）
M 　　：電動機

進相コンデンサは，力率改善に用いられます。力率改善の効果として，次のものがあります。

- ●電線路および変圧器内の電力損失の軽減
- ●電圧降下の改善
- ●電気基本料金の割引

進相コンデンサでは，感電事故の予防や欠相保護はできません。感電防止には，漏電遮断器を設置します。
一般に漏電遮断器は，配線用遮断器の1次側（頭）に設けます。

補足

欠相保護
三相電源の3本の電線のうち，1本が断線などで欠けた場合，電源を遮断することです。

4
電気

力率
電力が有効に消費されているかを表す数値です。力率1（100％）がもっとも良好です。

過去問にチャレンジ！

問1　　　　　　　　　　　　難　中　易

　交流電気回路に設けた進相コンデンサによる力率改善の効果について，もっとも関係の少ないものはどれか。

(1) 電線路および変圧器内の電力損失の軽減
(2) 電圧降下の改善
(3) 感電事故の予防
(4) 電気基本料金の割引

解説

　進相コンデンサの目的は，電気のエネルギー（電力）が効率的に消費されるようにするものです。これを力率改善といいます。その効果は，電線路および変圧器内の電力損失の軽減，電圧降下の改善であり，また，電力会社は電気基本料金を割引してくれます。感電事故の予防効果はありません。

解答　(3)

電気工事・電動機

1 電線管工事

電線管は，中に絶縁電線を納めるものです。一般の屋内配線では，IV電線（600Vビニル絶縁電線）が使用されます。

電線管内においては，電線の接続点（ジョイント部分）を設けることはできません。接続点を設ける場合は，電線管の途中に箱（ボックスという）を設けて，その中で電線どうしをつなぎます。

配管の種類としては，鋼製の金属管のほか，合成樹脂管があります。合成樹脂管では，次の2種類が多用され，施工場所に大きな違いがあります。

①PF管 (Plastic Flexible Conduit)

可とう性（くねくね曲がる）のある合成樹脂管です。自己消火性（燃えにくい性質）があります。コンクリート埋め込みや露出配管，天井内の転がし配管もできます。

②CD管 (Combine Duct)

PF管と同じく可とう性があります。自己消火性がないので，PF管とは区別され，建物内ではコンクリート埋め込みに限定されます。露出や天井内の転がし配管はできません。管の色はオレンジ色にしてPF管と区別できるようにしています。

2 接地工事と漏電遮断器

接地とは，電気機器の金属製外箱などに電線をつなぎ，万一の漏電の際，漏れた電流を大地（アース）に流すことです。その工事が接地工事で，接地の目的は次の3つです。

- 感電を防止する。
- 漏電火災を防止する。
- 漏電遮断器の動作を確実にする。

　接地工事を施せば，感電災害をある程度防げます。ただし完全には防止できません。なぜなら，アース線のほうにたくさんの電流が流れますが，人体にも多少流れるからです。

　そこで，漏電遮断器（ELCB）を設置します。電気製品に電気が漏れたときに，即座に接地線を通して漏電遮断器を作動させ，電源を切ります。これなら感電しません。接地工事と漏電遮断器の設置は一緒に行うことが重要です。

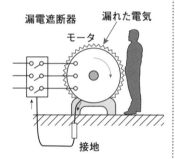

漏電遮断器　漏れた電気
モータ
接地

3 測定器

　電気工事が完了したのち，次の測定器を用いて検査を行います。

- 回路計（テスター）：電線が確実に接続されているかなどを調べる，導通試験に用います。
- 接地抵抗計（アーステスター）：接地工事における抵抗値を測定します。
- 絶縁抵抗計（メガーテスター）：電線やケーブルの被覆（導体を保護するビニルなど）に破れがないかなどを調べます。

補足

IV電線
Indoor Vinyl電線の略で，屋内配線で使用されるもっともポピュラーな電線です。環境に配慮し，ビニルではなくポリエチレンで被覆したEM-IE（エコマテリアル電線）も使用されます。

PF管・CD管
いずれも合成樹脂性可とう電線管です。

転がし配管
天井裏などに，管を転がす（実際は要所で吊ボルトなどに固定）工事方法です。

抵抗値
電流の流れを妨げるものが抵抗です。抵抗値とは，その大きさをいいます。

4 電動機（モータ）

　一般の建物で多用される電動機（モータ）が，三相かご型誘導電動機です。なお三相かご型誘導電動機とは，三相電源を使用し，構造がリスのかごに似たモータのことです。建物では，この誘導電動機がよく使われ，同期電動機はあまり使用されません。

　小形の電動機では，電動機に直接全電圧をかけて始動する，全電圧始動方法です。始動電流（始動するときに流れる電流）は，定格電流の5～7倍になります。

　始動時のトルクを制御できませんが，スターデルタ始動方式であれば，始動電流を抑制できます。

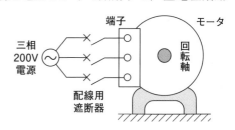

5 電動機の回転

　電動機の回転方向について，三相電源の3本の電線のうち，どれか2本を入れ替えると，電動機の回転方向が逆になります。回転方向が逆になるのは，①RとSを入れ替える，②RとTを入れ替える，③SとTを入れ替えるときです。

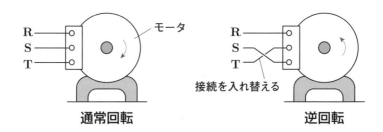

通常回転　　　　　　　　　　　　　逆回転

6 電動機のインバータ制御

直流を交流に変換する装置をインバータといいます。商用周波数より高

い周波数にする装置で，周波数を連続的に変えることができます。インバータ制御の電動機の長所と短所は次のとおりです。

インバータ
商用周波数である50Hz，60Hzをいったん直流にし，高い周波数の交流に変換するものも広義のインバータといいます。

4 電気

長所

- 負荷に応じた最適の速度が選択できる。
- 電源設備容量が小さくてよい。
- 三相かご型誘導電動機を用いて，電圧と周波数を変化させ，他の電動機の特性をつくり出せる。

短所

- 高調波が発生するため，フィルタなどによる高調波除去対策が必要。
- 進相コンデンサなどが焼損することがある。
- 電動機の温度が高くなることがある。

高調波
商用周波数の整数倍の周波数をもった電波です。この波が商用周波数に混ざり，ぎざぎざの波になって電気機器に悪影響を及ぼします。

過去問にチャレンジ！

問1 　　　　　難　**中**　易

電気工事に関する記述のうち，適当でないものはどれか。

(1) 冷水器の電源回路に，漏電遮断器を使用した。
(2) ビルなどの建築設備の電動機には，一般に，同期電動機が多く使用されている。
(3) 金属管工事で，同一回路の電線を同一の配管に収めた。
(4) アーステスターを用いて，接地抵抗を測定した。

解説

ビルなどの建築設備の電動機には，一般に，誘導電動機が多く使用されています。

解答 (2)

5 建築

まとめ & 丸暗記　　この節の学習内容とまとめ

☐ コンクリートの組成

名称	セメント	水	細骨材	粗骨材
セメントペースト	○	○	―	―
モルタル	○	○	○	―
コンクリート	○	○	○	○

☐ 水セメント比

$$水セメント比 = 水 : セメント = 水 ÷ セメント = \frac{水}{セメント}$$

☐ スランプ値
- コンクリートの軟らかさを示す数値
- 数値が大きいとワーカビリティはよい

☐ 鉄筋
コンクリートの中に埋め込んで補強する
丸鋼：表面がなめらか
異形棒鋼：表面に突起

丸鋼 　　**異形棒鋼**

☐ 鉄筋コンクリート（RC）
コンクリートを鉄筋で補強したもの
- コンクリートは圧縮に強く，鉄筋は引張りに強い
- 線膨張係数が同じ
- コンクリートは強いアルカリ性のため鉄筋を防錆する
- 鉄筋は高熱に弱いが，コンクリートで保護

建築用語と基本

1 コンクリートの用語

①セメント

　建設現場で一般に使用されるのは普通ポルトランドセメントです。セメントは粘土と石灰を混ぜた灰白色の粉末状のもので，水を加えたものをセメントペーストといい，強いアルカリ性を示します。時間が経つと水和作用により固まります。また，周囲の温度が高くなると，凝結，硬化が早くなります。

②骨材

　細骨材（砂）と粗骨材（砂利）があります。

③モルタル

　セメントペーストに細骨材（砂）を混ぜたものです。

セメント　　　砂　　　水　　　モルタル

④コンクリート

　モルタルに粗骨材（砂利）を混ぜたものです。

セメント　　　砂　　　砂利　　　水　　　コンクリート

補足

ポルトランドセメント
セメントが硬化した後の色合いが，イギリスのポートランド島で産出する石材に似ていることに由来しています。セメントといえばこのポルトランドセメントを指すほどで，もっとも汎用性の高いセメントです。

水和作用
セメントが水と接触することで化学的に結合することです。その際に熱を発生します。

骨材
人工的に作られた人工骨材もあります。

⑤水セメント比

セメントペースト中のセメントに対する水の質量百分率をいいます。

$$水セメント比 = 水 ÷ セメント = \frac{水}{セメント}$$

水セメント比が大きくなると，コンクリートの強度は低下します。

⑥スランプ値

コンクリートの軟らかさを示す数値です。スランプコーンという鉄製の容器（深さ30cm）に，生コンクリートを入れ，ゆっくり上に引き上げます。生コンクリートは軟らかいので山形に崩れていきます。その頂上から落ちた数値（単位はcm）がスランプ値です。

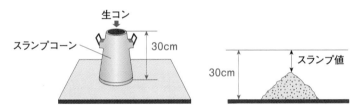

スランプ値が大きいほど軟らかいコンクリートで，ワーカビリティが向上します。ただし，スランプ値を大きくしすぎると，付着強度が低下し，乾燥・収縮によるひび割れが増加します。現場の生コンクリートのスランプ値が，所定の値より小さくても，強度が落ちるので水を加えてはいけません。

⑦型枠

コンクリートを流し込むために作られた，合板や鉄板などをいいます。型枠の最小存置期間は，平均気温が低いほど長くします。

⑧ジャンカ（豆板）

コンクリートを打設した際，セメントと骨材が分離し，砂利や砂がむき出しになった部分です。**鉄筋腐食の原因**になります。

2 鉄筋の用語

①鉄筋

コンクリートの中に埋め込んで，コンクリートを補強します。鉄筋には次の種類があります。

- ●丸鋼：表面がなめらかな，つるりとした鉄筋です。
- ●異形棒鋼：丸鋼の表面にリブや節などの凹凸，を付けたものです。異形鉄筋は，コンクリートとの付着性が大きいのが特長です。

鉄筋を使用する部位により，次の名称がついています。

- ●主筋：軸方向の力や曲げモーメントに耐える主要な鉄筋です。
- ●帯筋（フープ）：柱の主筋を水平方向に巻いた鉄筋で，せん断力に耐え，柱を補強します。
- ●あばら筋（スターラップ）：梁の主筋と垂直方向に巻いた鉄筋で，せん断力に耐え，梁を補強します。

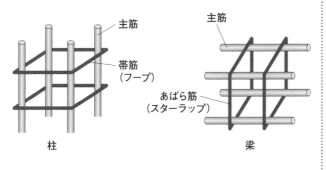

柱　　　　　　　　　　　　梁

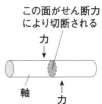
5
建築

47

②定着

コンクリート中の鉄筋が引き抜けたりしないように，必要な長さをコンクリート中に埋め込んだり，フックを付けたりします。フックを付けるとコンクリート中に定着し，抜けにくくなります。

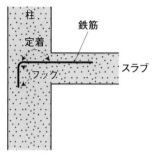

定着の概要

③かぶり厚さ

コンクリートの表面から，鉄筋表面までの長さです。

柱，梁の鉄筋のかぶり厚さは，帯筋またはあばら筋などコンクリート表面にもっとも近い鉄筋の表面から，コンクリート表面までの最短距離をいいます。主筋からではないことに留意しましょう。

かぶり厚さが大きいほど，鉄筋はコンクリートによって保護されます。型枠内にコンクリートを流し込むとき，鉄筋がずれないようにスペーサーという部材を用いて，かぶり厚さを確保します。鉄筋のかぶり厚さが大きくなると，一般に建築物の耐久性が高くなります。

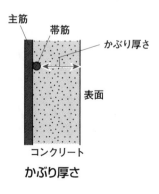

かぶり厚さ

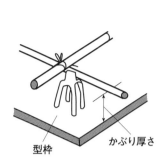

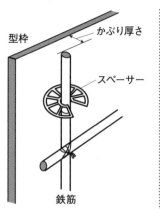

補足

スペーサー
スペース（空間）を保つものという意味です。

かぶり厚さ
建築基準法に定められており，建物の部位により異なる数値です。

④鉄筋継手と鉄筋のあき

　鉄筋の継手とは，鉄筋どうしをつないだ部分をいいます。継手は，1か所に集中させずずらして設けます。そうすることで鉄筋相互のあきが確保できます。

鉄筋のあき
あきの寸法は，鉄筋の強度とは無関係で，粗骨材の大きさや鉄筋径などで決まります。

過去問にチャレンジ！

問1　　　　　　　　　難　**中**　易

　コンクリートに関する記述のうち，適当でないものはどれか。

(1) 型枠の最小存置期間は，平均気温が低いほど長くする。
(2) 鉄筋のかぶり厚さが大きくなると，一般に，建築物の耐久性が高くなる。
(3) スランプ値が大きくなると，ワーカビリティがよくなる。
(4) 水セメント比が大きくなると，コンクリートの強度が大きくなる。

解説

水セメント比が大きくなると，コンクリートの強度が小さくなります。

解答　(4)

鉄筋コンクリート

1 鉄筋コンクリートの性質

コンクリートを鉄筋で補強したものを，鉄筋コンクリート（RC）とといい，剛性が高い構造です。特徴は次のとおりです。

①互いの弱点をカバーする

コンクリートは圧縮に対しては強いが，引張りに対して弱く，鉄筋はその逆です。

鉄筋コンクリートでは，主にコンクリートが圧縮力を負担し，鉄筋が引張力を負担することで，互いの弱点をカバーし合い，一体化しています。

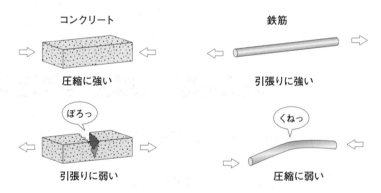

②線膨張係数が同じ

常温では，鉄筋とコンクリートの線膨張係数はほぼ等しいため，温度変化が生じても同じ伸縮となり，亀裂が生じにくくなります。

③錆を防ぐ

コンクリートは強いアルカリ性のため，鉄筋が錆るのを防ぎます。

しかし，コンクリートは，空気中の二酸化炭素により，表面から次第に中性化が進み，内部の鉄筋が腐食しやすくなります。

④火災に強い

鉄筋は高熱に弱いが，コンクリートで保護されているため火災に強くなります。

こうした特性から，鉄筋とコンクリートの相性は抜群によいことがわかります。

鉄筋コンクリート構造として，一般に柱や梁を剛接合（下図の丸で囲んだ箇所ほか）するラーメン構造が多く用いられます。

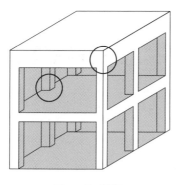

ラーメン構造

コンクリート
コンクリートの圧縮強さは，引張り強さよりも大きく，約10倍です。

線膨張係数
物体に熱を加えたとき，長くなる割合です。

剛接合
四方をきっちり固める構造をいいます。

ラーメン構造
ラーメンとは，ドイツ語で「額縁」を意味します。四隅をカチッと固めた構造です。

2 コンクリートの打設

コンクリートの打設は，コンクリートの骨材が分離しないように，できる限り低い位置から打ち込みます。その際，1箇所に多量に打ち込んで，棒形振動機（バイブレータ）などにより，生コンクリートが充填されていない部分に横流ししてはいけません。

また，コンクリートを打設した後，硬化中のコンクリートに振動を加えてはいけません。

3 コンクリートの養生

コンクリート打設後の養生（ようじょう）については，表面を湿潤状態に保つ必要があります。これを湿潤養生といいます。十分に湿気を与えて養生した場合のコンクリートの強度は，材齢（日数）とともに増進します。

夏期の打ち込み後のコンクリートは，急激な乾燥を防ぐために湿潤養生を行い，冬期の打ち込み後のコンクリートは，凍結を防ぐために保温養生を行います。養生温度が低いと強度の出現は遅くなるので，型枠の存置期間は，長くします。

また，コンクリート面をシートで覆い，直射日光や風から保護します。

過去問にチャレンジ！

問1
難　中　易

鉄筋コンクリートの特性に関する記述のうち，適当でないものはどれか。

(1) 鉄筋コンクリート造は，剛性が低く振動による影響を受けやすい。
(2) 異形棒鋼は，丸鋼と比べてコンクリートとの付着力が大きい。
(3) コンクリートはアルカリ性のため，コンクリート中の鉄筋は錆びにくい。
(4) コンクリートと鉄筋の線膨張係数は，ほぼ等しい。

解 説

鉄筋コンクリート造は，剛性が高く風などの振動による影響を受けにくい構造です。

解 答　(1)

第2章

空気調和設備

1 空気調和 ・・・・・・・・・・・・・・・・・・・・ 54

2 冷暖房 ・・・・・・・・・・・・・・・・・・・・・・ 66

3 換気・排煙 ・・・・・・・・・・・・・・・・・・ 76

1 空気調和

まとめ & 丸暗記　　この節の学習内容とまとめ

☐ 空気調和設備
- 熱源設備
- 空気調和機設備
  　　空気ろ過装置，冷温水コイル，加湿装置，送風機など
- 搬送設備
- 自動制御設備

☐ 空気調和方式
- 定風量単一ダクト方式（CAV方式）
- 変風量単一ダクト方式（VAV方式）
- ダクト併用ファンコイルユニット方式
- パッケージ形空気調和方式

☐ 空気調和システム図と湿り空気線図

空調システム図（冷房時）　　　　湿り空気線図（冷房時）

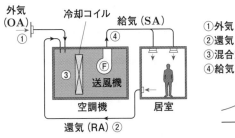

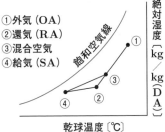

①外気（OA）
②還気（RA）
③混合空気
④給気（SA）

☐ 負荷
冷房負荷：冷房時の負荷（日射など）
暖房負荷：暖房時の負荷（すき間風など）

空気調和の方式

1 空気調和設備の概要

　空気調和（空調）とは，空気の温度，湿度，気流，気圧，清浄度を調節することです。

　空調を行う本体部分が空気調和機（空調機）で，空気ろ過装置，冷温水コイル，加湿装置，送風機（ファン）などを1つの箱体内に収容しています。空気調和設備は，冷暖だけの冷暖房設備とは異なり，湿度，気流などの調整を行う機能があります。

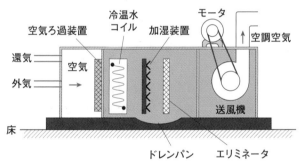

※冷水コイルと温水コイルに分離したものもあります。

　空気調和設備は次の機器で構成されます。

熱源設備	冷凍機，ボイラなどで，冷熱，温熱を発生させる
空気調和機設備	空気調和機本体
搬送設備	送風機，ダクト，ポンプなどで，熱を運ぶ
自動制御設備	温度センサーのサーモスタット，湿度センサーのヒューミディスタットなどを用いて，自動でコントロールする

補足

空気調和機
エアハンドリングユニット（AHU：Air Handling Unit）ともいいます。一般に機械室に設置されるため，維持管理は容易です。

冷温水
冷温水＝冷水＋温水です。冷水と温水をまとめて表現した言葉で，冷たい温水ではありません。冷温風も同様に，「冷風」と「温風」を1つで表現したものです。

エリミネータ
気流と一緒に流れる水滴を除去する装置です。

ドレンパン
冷却による凝縮水や，加湿による非蒸発水を受ける皿をいいます。排水管に接続します。

サーモスタット
温度調節器のことです。

ヒューミディスタット
湿度調節器のことです。

2 空気調和方式

①定風量単一ダクト方式（CAV方式）

空調機から1本のダクトで冷風または温風を送風するもっとも基本的な方式です。送風量を一定にして送風温度を変化させる方式です。各室ごとの温湿度調整も個別運転もできないので，同一系統に熱負荷特性の異なる室がある場合には適さない方式です。しかし，送風量が多いため，室内の清浄度を保ちやすいという長所があります。

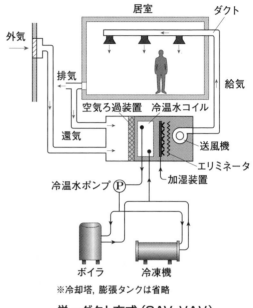

単一ダクト方式（CAV, VAV）

※冷却塔，膨張タンクは省略

②変風量単一ダクト方式（VAV方式）

空調機から1本のダクトで，冷風または温風を送風する点では，CAV方式と同様ですが，VAV方式は，送風温度を一定にして送風量を変化させます。

ダクトの吹出口などに変風量ユニット（VAVユニット）を設け，風量を個別またはゾーンごとに調節することにより，各室，ゾーンごとの温度制御を可能にしています。さらに，送風温度を変えないので，CAV方式に比べて搬送動力を節減できます。

VAV方式は，間仕切りの変更や負荷の変動に対応しやすいですが，個別またはゾーンごとに空気の清浄度の調整が容易ではありません。また，低負荷時においては，吹出し風量が少なくなるため温度ムラを生じやすく，外気量を確保するための対策が必要となります。

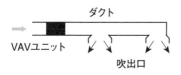

ダクトにVAVユニットを設置

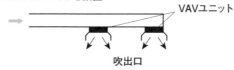

吹出口にVAVユニットを設置

VAVユニット

③ダクト併用ファンコイルユニット方式

　ファンコイルユニット方式とダクト方式を併用したものです。ファンコイルユニット方式とは，熱源で作った冷水（夏），温水（冬）を各室に送水し，冷暖房するものです。太陽光の日射負荷を除去するため，窓ぎわなどのペリメータゾーンに設置される場合が多く見られます。基本的に外気導入ができないので，ダクト方式との併用が主になります。

　ファンコイル（水が熱媒体）とダクト（空気が熱媒体）として空調を行う方式で，**全空気方式**に比べ，ダクトスペースは小さくなります。逆にいえば，全空気方式に比べて送風量は少ないことになり，**外気冷房**を行う場合は不利になります。

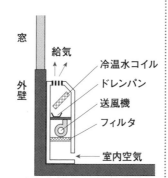

補足

1 空気調和

ダクト
空調した空気を運ぶ流路，風道のことです。

熱負荷特性
室によって温度を上げる，下げるなど，供給する熱量が異なります。

還気
居室から排気された空気の一部を，外気の新鮮な空気と混合します。これにより省エネが図られます。

搬送動力
水や空気を運ぶための，電源や熱源をいいます。

ファンコイルユニット
ファンと冷温水コイルがユニットとなっている機器です。空気ではなく水を使います。

ペリメータゾーン
日射の影響を受ける建物の外周部のことです。

外気冷房
外気温が室内温度より低い場合，外気を導入して冷房を行うことをいいます。冷凍機を運転する必要がなく，省エネになります。

この方式は，一般に，ファンコイルユニットでペリメータ（窓側）負荷を処理し，ダクトでインテリア（内部）負荷を処理します。つまり，ファンコイルユニットが窓ぎわの熱負荷をとり，ダクト方式で中央部の熱負荷を除去するパターンです。ダクトを使うことにより外気の導入を可能にし，清浄度が確保されます。

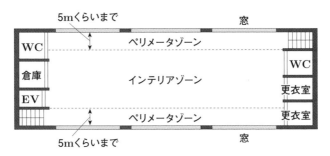

ダクト併用ファンコイルユニット方式の特徴を全空気方式と比較すると，次のとおりです。

- ●ダクトはインテリアゾーンだけなので，ダクト寸法が小さい。
- ●一般に水方式のほうが電力消費量は少ないので，搬送動力が小さい。
- ●ダクトが小さいので，外気冷房には適さない。
- ●空調機が小形なので，加湿能力が劣る。
- ●ファンコイルごとの個別制御が容易である。

④パッケージ形空気調和方式

熱源装置を内蔵したパッケージユニットにより空調します。家庭用のルームエアコンはこの方式です。

通常は1台の屋内機に対して1台の屋外機ですが，複数台の屋内機を1台の屋外機と冷媒管で結んだ，マルチパッケージ形空気調和方式があります。

全熱交換器を使うなどして外気を取り入れる必要があります。また，冷媒配管は長さが短く高低差の小さい方が運転効率は良くなります。

1
空気調和

マルチパッケージ形空気調和方式の特徴は次のとおりです。

補足

インテリアゾーン
ペリメータゾーンでない，建物の内部をいいます。

- 屋外機設置スペースが少なくてよい。
- 屋内ユニットごとに運転，停止ができる。
- 1台の室外機で冷房運転と暖房運転を同時に行うことができるものがある。
- 一般に，暖房時の加湿対策が別に必要となる。

過去問にチャレンジ！

問1　　　　　　　　　　　　　　　　　　難　**中**　易

空気調和方式に関する記述のうち，適当でないものはどれか。

(1) 定風量単一ダクト方式は，送風量を一定にして送風温度を変化させる。

(2) 変風量単一ダクト方式は，定風量単一ダクト方式に比べて，空気搬送動力の節減を図ることができる。

(3) 定風量単一ダクト方式は，ダクト併用ファンコイルユニット方式に比べて，一般に，送風量が少なくなる。

(4) 変風量単一ダクト方式は，一般に，室内の負荷変動に対し，送風量を変化させる。

解　説

ダクト併用ファンコイルユニット方式は，文字どおり併用なので，ダクトの送風量は少なくなります。定風量単一ダクト方式は，ダクトのみで空調空気を送風するので，送風量は多くなります。

解　答　(3)

湿り空気線図

1 冷房時の空気調和システム図

　夏期の外気は高温多湿なので，冷房期は，冷却コイルが動作し，温度と湿度を下げます。

- ①：**外気**（OA：外から導入する空気）
- ②：**還気**（RA：空調機に戻ってきた空気）
- ③：**混合空気**（①と②を混ぜた空気）
- ④：**給気**（SA：吹出口から出る空気）

　図は，この①〜④が空気調和システムと湿り空気線図のどの位置かを示したものです。

①外気は，乾球温度と絶対湿度
　が高い状態にあります。

②還気は，居室からの戻りの空
　気です。排気の一部を空調機
　に送り，再利用します。

③混合空気は，①と②を混合し
　た空気です。

④給気は，③の空気を冷却コイ
　ルで冷却し，送風機で送風す
　る状態です。乾球温度と絶対
　湿度が低い状態です。

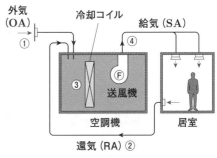

空調システム図（冷房時）

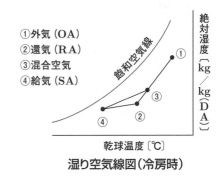

湿り空気線図（冷房時）

2 暖房時の空気調和システム図

冬期の外気は低温で乾燥しているため，暖房時は，空調機内で**加熱コイル**と**加湿器**が動作します。

　①：**外気**（OA：外から導入する空気）

　②：**還気**（RA：空調機に戻ってきた空気）

　③：**混合空気**（①と②を混ぜた空気）

　④：**加湿器入口**

　⑤：**給気**（SA：吹出口から出る空気）

暖房時の空調機と湿り空気線図との照合は図のとおりです。

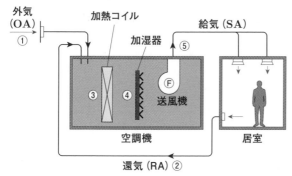

空調システム図（暖房時）

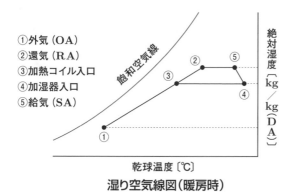

湿り空気線図（暖房時）

補足

冷却コイル
コイル内に冷水を通してコイル外表面の空気を冷却します。コイルとは管路がらせん状またはつづら折り状のものをいいますが，直管にフィン（放熱板）を巻いたものも含みます。

湿り空気線図
空気の温度，湿度などの状態を示したグラフです。

乾球温度
寒暖計の露出した球の部分で測定した温度です。

絶対湿度
空気中の渇き空気に対する水分の重量比です。第1章12ページ参照。

加熱コイル
コイル内に温水を通して外表面の空気を加熱します。

1

空気調和

問1　　　　　　　　　　　　　　　　　　　　　難　中　易

　冷房時の湿り空気線図のa〜dの各点に対応する位置の組合せとして，正しいものはどれか。

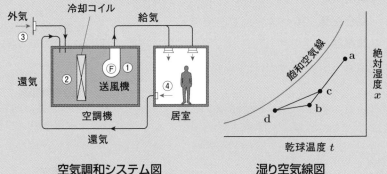

空気調和システム図　　　　　湿り空気線図

	(a)	(b)	(c)	(d)
(1)	③	④	①	②
(2)	③	④	②	①
(3)	④	③	①	②
(4)	④	③	②	①

解　説

　湿り空気線図の（a）は，乾球温度と絶対湿度が高いので，外気③です。（d）は，温度，湿度とも低いので冷却コイル直後の状態①です。（b）が還気④で，（c）は混合空気の②となります。

解　答　(2)

熱負荷

1 冷房負荷と暖房負荷

　熱が仕事（冷房・暖房）をするときに，効率を下げ，負担となるものを負荷（熱負荷）といいます。

①冷房負荷

　冷房するとき負荷となるものです。日射は，たとえ北向きにガラス窓が設置されて直接太陽光は当たらなくても，天空日射があるため，冷房負荷となります。

　すき間風も冷房負荷ですが，室内を正圧に保てば無視してよいことになっています。また，一般に土間床や地中壁からの熱負荷は無視します。

②暖房負荷

　暖房するとき負荷となるものです。すき間風は暖房負荷でもあります。一般に，土間床や地中壁からの熱負荷は無視できません。無視できない負荷は暖房負荷として計算します。照明器具やOA機器からの発熱，人体の発熱などは暖房時は有利に作用するので，日射と同じく無視します。

補足

天空日射
太陽光が，大気中の水蒸気やちり，ほこりなどに乱反射して地上にふりそそぐ日射です。

正圧
大気圧より高い圧力をいいます。大気圧より低い圧力は，負圧といいます。

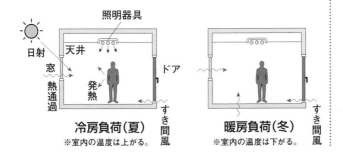

冷房負荷（夏）
※室内の温度は上がる。

暖房負荷（冬）
※室内の温度は下がる。

2 顕熱負荷と潜熱負荷

電気コンロに何も置かずにスイッチを入れると，室温は上昇しますが，空気中の水蒸気の増減はありません（絶対湿度の変化はない）。これが顕熱です。一方，コンロに水を入れて加熱すると，多少の室温上昇はありますが，水蒸気が出て絶対湿度は上昇します。これが潜熱です。つまり，顕熱は温度変化，潜熱は湿度変化を伴う熱といえます。

人体負荷は，室内温度が変わっても全発熱量はほとんど変わりませんが，温度が上がるほど潜熱が大きくなります。なお，**全熱＝顕熱＋潜熱**です。

室内の温度を高くしようとする負荷（冷房負荷），あるいは低くしようとする負荷（暖房負荷）が**顕熱負荷**です。一方，室内の湿度を高くしようとする負荷（冷房負荷），あるいは低くしようとする負荷（暖房負荷）が**潜熱負荷**です。

たとえば，人体は発熱（温度を上昇させる）による顕熱負荷と発汗（湿度を上昇させる）による潜熱負荷を伴う冷房負荷です。

冷房時または暖房時に負荷となるものが，顕熱負荷か潜熱負荷かをまとめると，次の表のようになります。

負荷となるもの	顕熱負荷	潜熱負荷
日射	○	×
OA機器	○	×
照明器具	○	×
外気	○	○
人体	○	○
すき間風	○	○

○：あり　×：なし

3 負荷計算

空調機の能力を決める際には**熱負荷**を計算します。日射の影響を温度に

換算し，それを外気温度に加えたものを，**相当外気温度**といいます。日射などの影響を受ける外壁からの熱は，室内の温度を上昇させるのに多少の時間的な遅れがあるので，それを見越し，**実効温度差**で設計します。

ガラス窓については，日射による熱取得と室内外温度差による熱取得で計算します。二重サッシ窓では，ブラインドを室内に設置するより，二重サッシ内に設置するほうが，日射負荷は小さくなります。

日射による熱負荷は，冷房計算では見込みますが，暖房計算では一般に無視します。

熱通過率とは，壁などを通過する熱量をいいます。薄い壁の熱通過率は大きくなり，熱をよく通します。熱通過率が小さいほど，熱を通さず，断熱性能がよいことになります。

補足

実効温度差
相当外気温度と，室内温度の差をいいます。壁体は日射を受けますが，熱通過は時間的な遅れがあるため，その遅れを考慮した温度差です。なお，窓からの負荷計算では，実効温度差は用いません。

ブラインド
暖房負荷計算では，ブラインドの有無を考慮します。

過去問にチャレンジ！

問１　　　　　　　　　　　難　中　易

空気調和の熱負荷計算に関する記述のうち，適当でないものはどれか。

(1) 全熱負荷に対する顕熱負荷の割合を顕熱比（SHF）という。
(2) 日射負荷には，顕熱と潜熱がある。
(3) 暖房負荷計算では，一般に，日射負荷は考慮しない。
(4) 冷房負荷計算では，人体や事務機器からの負荷を室内負荷として考慮する。

解説
日射負荷は，顕熱負荷のみです。

解答 (2)

2 冷暖房

まとめ & 丸暗記　　この節の学習内容とまとめ

☐　蒸気暖房，温水暖房

比較項目	蒸気暖房	温水暖房
予熱時間	短い	長い
温度制御	容易でない	容易
放熱面積	小さい	大きい
配管径	小さい	大きい
利用する熱	主に潜熱	顕熱

☐　膨張タンク

　　密閉式膨張タンク　　　開放式膨張タンク

☐　ヒートポンプ

　　四方弁を切り替えて冷房と暖房を行う

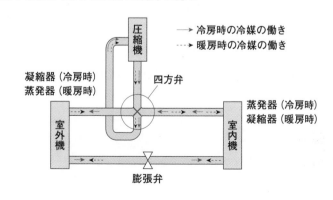

蒸気暖房・温水暖房

1 蒸気暖房

蒸気暖房は，蒸気ボイラ，放熱器，蒸気トラップ，ボイラ給水ポンプ，還水槽（ホットウェルタンク）で構成されています。

ボイラで発生した蒸気は，自己のもつ圧力によって蒸気管を通り，放熱器に送られ，放熱器の中で凝縮潜熱を放出して暖房します。放熱後の凝縮水は，蒸気トラップによって蒸気と分離され，還水管を通り，還水槽に流れ込みます。

この方式は，蒸気管と環水管を分けて配管するもので，複式管と呼ばれ，よく用いられています。

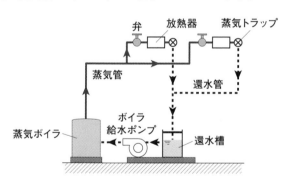

蒸気暖房の構成

蒸気の場合，**上向き配管**（先上り勾配）とすると，蒸気の流れる方向と凝縮水の流れる方向が逆になって，蒸気の進行を妨げるので，一般に**下向き配管**（先下り勾配）とします。

上向き配管とするときは，管を太くする必要があります。

補足

放熱器
蒸気や温水の熱を放散させる暖房器具です。ラジエーターともいいます。

凝縮潜熱
気体（蒸気）が液体（凝縮水）になるときに放出する熱です。

このように蒸気暖房は，主に蒸気の凝縮潜熱を利用しています。

なお蒸気トラップとは，蒸気が放熱後に生じる凝縮水のみ排出する器具です。これにより，蒸気が円滑に流れます。

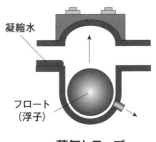

蒸気トラップ

2 温水暖房

温水暖房は，温水ボイラ，温水循環ポンプ，放熱器，膨張タンクで構成されています。

温水ボイラからの温水は，温水循環ポンプで放熱器に送られ，暖房します。放熱器からの還りの温水は，再び温水ボイラで過熱して循環させます。蒸気暖房が主に蒸気の潜熱を利用するのに対し，温水暖房は温水の顕熱を利用しています。

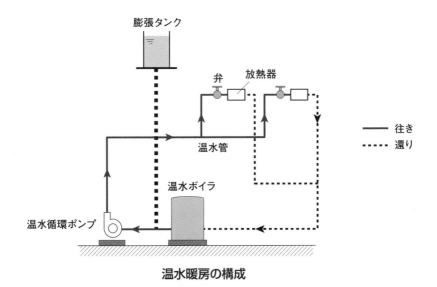

温水暖房の構成

3 蒸気暖房と温水暖房

蒸気暖房と温水暖房を比較してみます。

①蒸気暖房

長 所

- 予熱時間が短い。
- 放熱面積は小さい。
- 配管径は小さい。

短 所

- 温度制御が容易ではない。

②温水暖房

長 所

- 温度制御が容易である。

短 所

- 予熱時間が長い。
- 放熱面積は大きい。
- 配管径は大きい。

温水暖房は，蒸気暖房に比べて装置全体の熱容量が大きいので，予熱時間が長くなります。

温水
温水暖房に使用する温水の温度は，一般的に50～60℃です。

熱容量
物質の温度を1℃上昇させる熱量です。単位には [J / ℃] または [J／K] が用いられます。

4 膨張タンク

温水暖房の膨張タンクは，温度変化に伴う水の膨張や収縮に対して，装置内の圧力の変動を吸収するために設けるものです。これにより，装置内の圧力を常に正圧に保ちます。

①密閉式膨張タンク

　温水の膨張を，タンク内の空気の圧縮性を利用して吸収します。一般にダイヤフラム式が用いられています。

　設置場所については，高さ制限がないので，1階のボイラ室などに設置することもできます。また，異常圧力の上昇を防止するため，逃し弁を設けます。

②開放式膨張タンク

　温水の膨張を，膨張管を介して膨張タンクに接続します。膨張タンクは大気に開放されています。設置高さは，温水暖房系統のもっとも高い位置とします。装置内の空気の排出口としても利用できます。

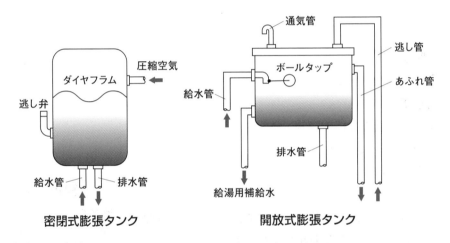

密閉式膨張タンク　　　　　開放式膨張タンク

5　ダイレクトリターンとリバースリターン

　ダイレクトリターン方式は，放熱器からの還り管をすぐにボイラに戻すものです。

　これに対し，リバースリターン方式は，一度ボイラから逆方向（リバース）に向けてから戻す（リターン）ものです。各放熱器の往き管と還り管の合計は，ほぼ等しくなります。流量バランスが同じになり，放熱効果に差がなくなります。

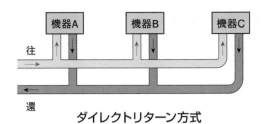

ダイレクトリターン方式

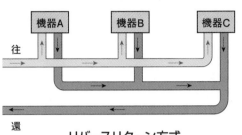

リバースリターン方式

6 放射暖房

放射暖房は，温水，蒸気，電気（電熱線）などを用いて，天井，床，壁の表面を加熱し，熱放射により暖房する方法です。

次の図は，口径20mm程度の金属管を，コンクリートの床下空間に埋め込んだもので，コイル状に連結された金属管にボイラからの温水を通します。床面が暖められ，熱放射により室内が暖房されます。

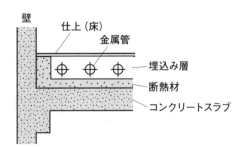

金属管の埋設式の例

補足

ダイヤフラム式
弾性のある薄い膜のことで，合成ゴムや金属板でできています。温水のある部分と空気のある部分に張られ，温水の圧力変動により伸縮します。

逃し弁
流入する温水の圧力が所定の値を超えた場合に，弁が開き，圧力を下げる弁です。

放熱効果
放熱器における放熱温度などが，居室の快適性に有効に機能しているかをいいます。

一般に使用される低温放射暖房の特徴は，次のとおりです。

長 所

● 室内空気の上下の温度むらが少なく，快適な暖房方式である。
● 天井の高いホール等でも良質な温熱環境が得られる。
● 放熱器や配管が室内に露出しないので，室の利用度が高い。
● 放熱器や配管が室内に露出しないので，やけどなどの危険性も少ない。

短 所

● 装置の熱容量が大きいので，立ち上がりに時間がかかる。
● 故障箇所の発見や，故障時の修理が困難である。

過去問にチャレンジ！

問1　　　　　　　　　　　　　　　　難　**中**　易

暖房に関する記述のうち，適当でないものはどれか。

(1) 温水暖房は温水の顕熱を利用し，蒸気暖房は主に蒸気の潜熱を利用する。
(2) 温水暖房は，蒸気暖房に比べて室内の負荷に応じた制御が容易である。
(3) 蒸気暖房は，温水暖房に比べて，一般に配管径が大きくなる。
(4) 蒸気暖房は，温水暖房に比べてウォーミングアップの時間が短い。

解 説

蒸気暖房は，温水暖房に比べて，一般に配管径を小さくすることができます。

解 答　(3)

ヒートポンプほか

1 ヒートポンプ

　蒸発器で低温熱源の熱を吸収し，凝縮器で高温にして放出する方式をヒートポンプといいます。原理は次の図のとおりで，四方弁を切り替えることにより，冷房と暖房を行うことができます。

　ヒートポンプの採熱源は，容易に得られること，量が豊富で時間的変化が少ないことが必要です。空気熱源と水熱源があり，空気熱源ヒートポンプは，燃焼を伴わないので大気汚染防止効果があり，出火の危険も少ないため，保守管理が容易です。

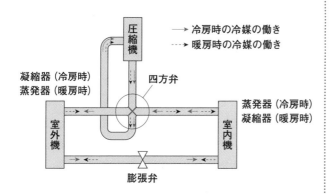

　ヒートポンプの能力は成績係数（COP）で表します。成績係数は，圧縮機に投入したエネルギーに対し，暖房の熱量（エネルギー）がどれだけ発生したかを表したものです。外気温度と室内温度の差が小さいほど，成績係数は大きくなります。

　したがって，外気温度が冷房期であれば低いこと，暖房期であれば高いことがよい条件といえます。

補足

低温放射暖房
温水管や電熱線をパネルに埋め込み，放射熱で暖房するものです。床の表面温度は31℃程度です。

四方弁
4方向に管が接続されている弁です。

冷房時

暖房時

成績係数（COP）
COPとはCoefficient Of Performanceの略で，数値が大きいほど省エネルギー性が高いことになります。

冷房期
一般に6月〜9月をいいます。

暖房期
一般に12月〜翌年3月をいいます。

圧縮機の駆動方法には，ガスによるものと，電気によるものがあります。ガスヒートポンプ冷暖房機（**GHP**）は，圧縮機の駆動機としてガスエンジンを使用します。電動式ヒートポンプ冷暖房機（**EHP**）は，電気モータを使用します。ガスエンジンは排熱を利用できるので，電動式ヒートポンプ冷暖房機（EHP）に比べて，寒冷地における暖房能力が高くなります。

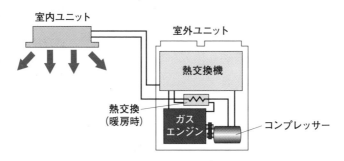

ガスヒートポンプ冷暖房機（GHP）

　なお，屋外機の設置位置は，地面に基礎コンクリートを打設（小形の屋外機であればコンクリートブロックでも可）し，その上に据え付けることもできます。また，防水層を傷つけないようにして屋上に設置することもできます。

2 ルームエアコン

　ルームエアコンはルームエアコンディショナーの略称です。一般に冷暖房兼用形で，住宅やビルの小さな空間を個別に冷暖房します。

　現在は，効率の良いインバータ制御されたタイプのものが多用されています。

　冷媒配管は，長いと能力が低下するので，10mくらいまでにします。

3 空気清浄装置

　静電式は，高電圧を使って比較的微細な粉じんを帯電させて除去します。

　ろ過式には，粗じん用，中性能，HEPA等があり，**HEPA**フィルター

は，クリーンルームなどで最終段フィルターとして使用されます。

　ろ過式の構造には，自動更新型，ユニット交換型等があり，自動更新の巻取形は，タイマーまたはフィルター前後の差圧スイッチにより自動的に巻取りが行われます。ろ過式のろ材には，粉じん保持容量が大きいこと，空気抵抗が小さいこと，吸湿性が低いことが求められます。

　なお，活性炭などを使用した化学吸着式は，有毒ガスや臭気除去に使用されます。

補足

圧縮機
冷媒ガスの体積を小さくする機器です。

冷媒配管
室内機と室外機をつなぐ，冷媒用の管です。

過去問にチャレンジ！

問1　　　　　　　　　　　　　　　　難　**中**　易

　パッケージ形空気調和機に関する記述のうち，適当でないものはどれか。

(1) ヒートポンプ方式には，空気熱源ヒートポンプ方式と水熱源ヒートポンプ方式がある。

(2) ヒートポンプ方式では，屋外機を屋内機より高い位置に設置することはできない。

(3) ガスエンジンヒートポンプ方式は，圧縮機の駆動機としてガスエンジンを使用するものである。

(4) ヒートポンプ方式のマルチパッケージ形空気調和機には，1台の屋外機に接続された個々の屋内機ごとに冷房運転または暖房運転が選択できる方式がある。

解説

　ヒートポンプ方式では，屋外機と屋内機のどちらを高い位置に設置しても問題ありません。

解答　(2)

3 換気・排煙

☐ 機械換気の方式

換気方式	給気機	排気機	室内の圧力
第1種機械換気	○	○	正圧，負圧
第2種機械換気	○	×	正圧
第3種機械換気	×	○	負圧

○：あり　×：なし

☐ 風量

$$Q = SA$$

Q：風量（空気の量）〔m³/h〕　S：給気口の有効面積〔m²〕　A：風速〔m/h〕

☐ 有効換気量

$$V = \frac{20A_f}{N}$$

V：有効換気量〔m³/h〕　A_f：居室の床面積〔m²〕
N：実況に応じた1人当たりの占有面積〔m²〕

☐ 最小有効換気量

燃焼器具の排気方法	最小有効換気量
煙突が直結	$2KQ$
排気フードⅡ型	$20KQ$
排気フードⅠ型	$30KQ$
換気扇のみ	$40KQ$

K：燃料の単位燃料あたりの
　　理論廃ガス量〔m³/kW·h〕
Q：実状に応じた燃料消費量
　　〔kW〕

換気設備

1 自然換気と機械換気

①自然換気

　自然換気とは，機械設備を使わない換気方式で，通風や室内外の温度差によって空気が移動し，換気が行われます。

　通風による換気では，風の速度や圧力によって室内の空気が外に押し出されます。温度差による換気では，室内の温度が外気温より高い場合に起こります。室内の暖かい空気は膨張して密度が小さくなるために浮力が発生し，その空間に外気が導入されて換気が促進されます。

　自然換気設備での給気口は，居室の天井高さの$\frac{1}{2}$以下に設けます。自然換気では，冬期は室内温度と外気温度の差が大きいので，夏期より換気量が増加します。

補足

居室
執務，娯楽などで使用する部屋のことです。事務室，会議室，百貨店の売り場，住宅のリビングなどは居室です。トイレ，倉庫などは居室ではありません。

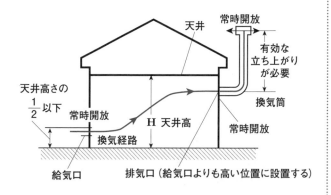

②機械換気

　換気扇など機械設備により換気を行うものです。**機械換気**では，給気口を天井高さの $\dfrac{1}{2}$ 以下の位置に限定しなくてもよく，自動車の排気ガスなどが入る場所では，できるだけ地上から高い位置に設けるのが望ましいといえます。

2 換気方式

　機械換気は，給気と排気の方法の違いによって次の3種類に分けられます。

①第1種機械換気

　給気，排気とも機械設備による方式です。室内を**正圧**（大気圧より高い圧力）にも**負圧**（大気圧より低い圧力）にもできます。

　レストランなどの厨房の換気は，この方式が適しています。**厨房**はやや**負圧**にして，中の空気が他に漏れないようにします。燃焼空気が必要なので，正圧にすると，空気が他所に漏れてしまいます。また，熱源機械室など，確実に換気を必要とする室にも，この方式が適しています。

第1種機械換気

🛆：換気設備

②第2種機械換気

　給気は機械設備，排気は自然排気による方式です。室内は**正圧**に保たれるので，外部からほこりなどは入りません。

　ボイラ室，発電機室などの燃焼機器を設置する室の換気には，燃焼用空気や室内冷却のために給気を十分にとる必要があるので，第3種機械換気より第2種機械換気が適しています。

第2種機械換気

🛆：換気設備

▯：換気口
　（ガラリ）

③第3種機械換気

　給気を自然給気，排気は機械設備による方式です。室内は負圧となります。

　便所，喫煙所などは臭いを室外に出さないため負圧にします。臭いが他の室に漏れてはよくない場所はこの方式が適しています。また，実験室内に設けるドラフトチャンバー用の圧力は負圧にする必要があるので，この方式です。

　なお，臭気，燃焼ガスなど汚染源の異なる換気は，別系統にします。

第3種機械換気

⊗：換気設備

▯：換気口（ガラリ）

3
換気・排煙

過去問にチャレンジ！

問1 　　　　　　　　　　　　　　　難　**中**　易

換気に関する記述のうち，適当でないものはどれか。

(1) 浮力を利用する自然換気の場合，冬期は室内温度と外気温度の差が大きいので，夏期より換気量が少ない。

(2) 厨房の換気には，第1種機械換気を採用した。

(3) 第2種機械換気は，給気機により空気を室内に送るので，室内は正圧になる。

(4) 便所などの臭気を発生する部屋には，第3種機械換気を採用した。

解説

　冬期は室内温度と外気温度の差が大きいので，室内空気が上昇し，そこに外気が入るので，換気が促進されます。夏期より換気量は増えます。

解答 (1)

有効換気量

1 給気口の最小寸法

給気口を通過する風量 Q（空気の量）は，次の式で計算できます。

$$Q = SA$$

Q：風量（空気の量）〔m³/h〕 S：給気口の有効面積〔m²〕 A：風速〔m/h〕

風速を一定とするとき，風量を確保するために必要な給気口の大きさを計算します。一般に給気口は長方形なので縦と横の最小寸法を求めます。

例題 図に示すような室を換気扇で換気する場合，給気口の最小寸法として，適当なものはどれか。ただし，換気扇の風量は360m³/h，給気口の有効開口面風速は2m/s，給気口の有効開口率は40%とする。

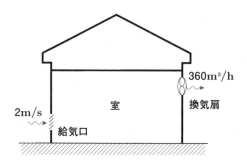

(1) 250mm×250mm

(2) 300mm×250mm

(3) 400mm×250mm

(4) 500mm×250mm

解説 $Q = SA$ の式に当てはめてみます。

$Q = 360\text{m}^3/\text{h}$

風速の単位は〔m/s〕なので，$A = 2 \times 3{,}600$〔m/h〕

$$S = \frac{Q}{A} = \frac{360}{(2 \times 3{,}600)} = 0.05 \text{〔m}^2\text{〕}$$

有効開口率が40%なので，

$0.05 \div 0.4 = 0.125$〔m²〕

0.125〔m²〕 $= 1250$〔cm²〕であり，縦・横の寸法をかけたものが1250〔cm²〕であるのは500mm×250mmです。

解答 (4)

2 有効換気量

　有効換気量とは，居室や火を使う室を有効に換気するために必要な換気量のことです。

　建築基準法に，特殊建築物の居室に機械換気設備を設ける場合の有効換気量を算出する式が定められています。

$$V = \frac{20A_f}{N}$$

V：有効換気量〔m³/h〕　　A_f：居室の床面積〔m²〕
N：実況に応じた1人当たりの占有面積〔m²〕

　また，住宅の調理室（台所）の燃焼器具において，K：燃料の単位燃焼量当たりの理論廃ガス量〔m³/kW·h〕，Q：実状に応じた燃料消費量〔kW〕とすると，換気扇や，レンジフード（換気扇付き）の**最小有効換気量**は，次の4つのパターンで表されます。

補足

有効開口面風速
ガラリなどの開口部で，雨水の浸入を防ぐじゃま板（通風を妨げる板）を除いた部分が有効開口面で，そこを通過する風の速度をいいます。

有効開口率
ガラリなどの開口部で，雨水の浸入を防ぐじゃま板を除いた割合です。

特殊建築物
建築基準法の定めによれば，ほとんどの用途の建築物が該当し，特殊建築物でないのは，事務所，個人住宅など一部です。

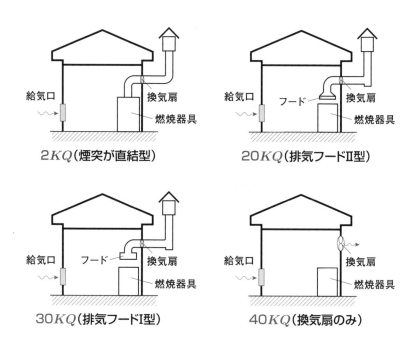

燃焼器具の排気方法	最小有効換気量
煙突が直結	$2KQ$
排気フードⅡ型	$20KQ$
排気フードⅠ型	$30KQ$
換気扇のみ	$40KQ$

なお，排気フードのⅠ型とⅡ型では，次のように形が異なります。

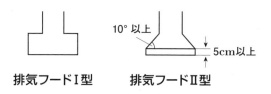

つまり，燃焼器具に煙突が直結していれば，$2KQ$という能力の低い換気扇でよいのですが，換気扇だけの場合，$40KQ$という能力の高いものが必要になります。また，フードⅡ型は，フードⅠ型に比べて燃焼ガスを捕集

しやすい構造になっています。

　なお，最小有効換気量を最小風量と表現する場合もあります。

排気フード
燃焼ガスを排出するために設けられた天蓋（フード）です。

3
換気・排煙

過去問にチャレンジ！

問1

難　中　易

　図に示す開放式の燃焼器具を設けた台所の換気扇の最小風量として，「建築基準法」上，適当なものはどれか。

　ただし，燃焼器具の燃料消費量は5kW，燃料の単位燃焼量当たりの理論廃ガス量は0.93m³/kW・hとする。

(1)　47m³/h

(2)　93m³/h

(3)　140m³/h

(4)　186m³/h

解　説

　煙突や排気フードがなく換気扇だけなので，最小風量（最小有効換気量）は$40KQ$です。この式に数値を入れて，$40 \times 0.93 \times 5 = 186$m³/hとなります。

解　答　(4)

排煙設備

1 排煙の目的と効果

　排煙とは，火災で発生した煙を外部に排出することです。排煙をすることにより，次の効果が期待できます。

- 避難経路の安全を確保し，避難活動を容易にする。
- 消防隊による救出活動および消火活動を容易にする。
- 機械排煙では室内が負圧になるため，煙が火災室以外に拡散することが防止できる。

2 自然排煙と機械排煙

　排煙の方式には次の2種類があります。

①自然排煙

　機械を使わず排気口から自然に煙を流出させる方式です。煙は横方向の流れはゆっくりですが，縦方向はかなり速く上昇します。したがって，煙はすぐに天井付近に滞留しますので，自然排煙は天井の高い大空間に適しています。また，高温の煙ほど上昇スピードが速いため，排煙能力が高まります。

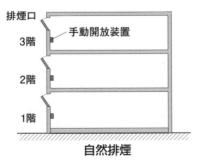

自然排煙

②機械排煙

排煙機を用いて強制的に排煙します。自然排煙方式と機械排煙方式の併用はできません。なぜなら排煙機の吸引力で，自然排煙の排気口が吸気口となるおそれがあるからです。同一の**防煙区画**において，自然排煙と機械排煙を併用すると，効率的な排煙ができません。

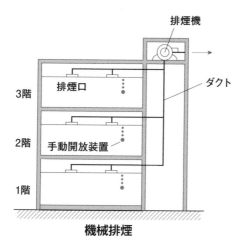

機械排煙

そのほかに，特殊なものとして，送風機により室内の圧力を高くして煙の侵入を防ぎ，自然排煙させる方式などがあります。

3 防煙区画

防煙とは，火災によって発生した煙を1箇所に滞留させ，他所に流れていくのを防ぐことで，この区画のことを防煙区画といいます。

防煙区画は，不燃材料による**防煙壁**または**間仕切り壁**で区画します。また，建築物の各防煙区画の面積は，原則として床面積が500m²以内になるようにします。

排煙設備
消防法では，「消火活動上必要な施設」に該当します。火災室以外への火災の拡大を防止する設備ではありません。

煙
進行の速さは，横方向は1m/sくらいで，子どもが歩くほどの速さです。縦方向は3〜5m/s程度で，相当な速さです。

手動開放装置
排煙口を手で開くための装置です。87ページ参照。

3 換気・排煙

85

たとえば600m²の面積を同一のダクト系統が受け持つ場合，500m²と100m²に分割するのは法的には問題ありませんが，バランスを考えて，300m²と300m²のように，できるだけ均等化したほうがよいのです。

　その理由は，防煙区画が2つ以上の場合，区画の最大面積によって排煙機（後述）の風量能力が決まります。区画の面積を均等化すれば小形の排煙機でよいのですが，1つでも大きな面積があると大形のものを設置する必要があるからです。

　1つの室面積が500m²を超えるときは，防煙垂れ壁で区画します。防煙垂れ壁は，その下端から天井までの距離が50cm以上になるように設けます。コンクリートのようなもので垂れ壁を作ると，天井付近での視界が妨げられるので，ガラスを用いたものが多く見られます。なお，ガラスもコンクリートと同じく不燃材です。

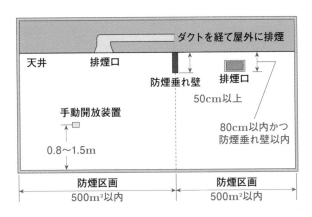

4　構成機器

　排煙設備を構成する機器類です。

①排煙口

　煙を外部に排出するための排気口です。天井面か，天井に近い壁面に設けます。また，排煙口の位置は，避難方向と煙の流れが反対になるように配置し，防煙区画の各部分から排煙口に至る水平距離が30m以内に設置

します。

　排煙口，風道その他煙に接する部分は，鋼板などの不燃材料で造らなければなりません。

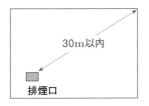

30m以内

排煙口

②排煙機

　機械排煙方式のときに設置する動力装置です。排煙機の設置位置は，最上階の排煙口より上に設置し，排煙口の開放に伴い自動的に作動するようにします。電源を必要とする排煙設備には，予備電源を設けます。

③手動開放装置

　排煙口を手動で操作するための装置です。手で操作する部分は，壁面に設置する場合には，床面より80cm〜1.5mの高さに設けます。

　なお，煙感知器連動の自動開放装置を設置しても，手動開放装置を設ける必要があります。

④排煙ダクト

　防煙区画に設置された排煙口から排煙機までをつなぎ，煙を外部に排出するための風道です。ダクト内を火が通り抜けないように，防火ダンパーを設けます。

　排煙ダクトに設ける防火ダンパーの作動温度は280℃であり，換気用の72℃よりかなり高くなっています。この温度に達すると温度ヒューズが切れてダンパーが閉じ，ダクトが閉鎖されます。

補足

3　換気・排煙

防煙垂れ壁
天井から下がった壁を垂れ壁といいます。広い空間では垂れ壁が多いと，視界を妨げることになるので，ワイヤー入りの透明ガラスを使うこともあります。不燃材でなければならず，準不燃材や難燃材では不可です。

予備電源
商用電源（電力会社からの電源）が断たれたとき，自動的に切り替わる電源です。

防火ダンパー
火災時に，火がダクトに侵入したとき，食い止める装置です。

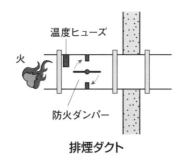

温度ヒューズ

火

防火ダンパー

排煙ダクト

過去問にチャレンジ！

問1   難 **中** 易

排煙設備に関する記述のうち，適当でないものはどれか。

ただし，本設備は，「階及び全館避難安全検証法」および「特殊な構造」によらないものとする。

(1) 火災で発生した煙を排除することにより，避難のための安全な時間を確保することができる。

(2) 消防隊による救出活動および消火活動を容易にする目的をもつ。

(3) 火災の延焼進行による爆発的な火災拡大を防止することができる。

(4) 機械排煙設備の作動中は，室内が負圧になるため煙の流出を防ぐことができる。

解 説

排煙設備は，煙を外に排出する設備であり，爆発的な火災の拡大を防止するものではありません。

解 答 (3)

第3章

衛生設備

1 上・下水道 ・・・・・・・・・・・・・・・・・・ 90

2 給水・給湯 ・・・・・・・・・・・・・・・・・・ 102

3 排水・通気 ・・・・・・・・・・・・・・・・・・ 116

4 消火・ガス・浄化槽 ・・・・・・・・・・ 124

上・下水道

まとめ & 丸暗記　　この節の学習内容とまとめ

☐ 水道施設（①〜⑥），給水装置（⑦）
　①取水施設　　②貯水施設　　③導水施設　　④浄水施設
　⑤送水施設　　⑥配水施設　　⑦給水装置

☐ 残留塩素

種　類	必要な濃度	殺菌効果
遊離残留塩素	0.1mg/L	高い
結合残留塩素	0.4mg/L	低い

☐ 分流式，合流式

区分	方式	汚水	雑排水	雨水
敷地外	分流式	○	○	別
	合流式	○	○	○
敷地内	分流式	別	別	別
	合流式	○	○	別

○：一緒にする

☐ 下水管の名称
　● 汚水管：汚水と雑排水を1本にした管渠
　● 雨水管：雨水だけの管渠
　● 合流管：汚水，雑排水，雨水のすべてを1本にした管渠

☐ 管渠の接合方法（主な2種）
　● 水面接合：上流管と下流管の水面を一致させる接合（効率的に
　　　　　　　排水）
　● 管頂接合：管の内面頂部の高さを合わせて接合

水道施設

1 上水道の施設

水道施設は，河川などから取水した原水を浄水にする施設をいいます。給水装置は，需要者（水を飲む人）の設備です。これらは，次の施設から構成されます。

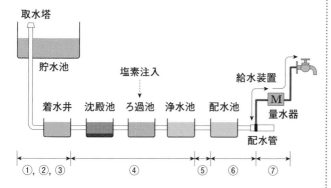

①取水施設

河川水，地下水，伏流水などの水源から原水を取り入れる施設です。

河川水の場合，取水堰や取水塔などを設け，粗いごみや砂を除くことで，良質な原水を取水します。

②貯水施設

原水を貯める施設です。渇水時においても必要量の原水を供給する能力を有します。

③導水施設

原水を取水施設から浄水施設まで送る施設で，自然流下式，ポンプ加圧式および併用式があります。

補足

水道施設
右図の①〜⑥が水道施設です。⑦は給水装置です。配水管は水道事業者のもので，水道事業者とは厚生労働大臣の認可を得て水道事業を営む者です。一般に，市町村営です。

原水，浄水
河川水などから取水したものを原水といいます。塩素剤で滅菌した飲料用水を浄水といいます。

着水井
流入する原水の水位変動を安定させ，その量を調節することで，浄水施設での浄化処理を安定させる役割があります。

④浄水施設

原水を水質基準に適合させるため，沈殿，ろ過，消毒を行う施設です。ろ過が終わると塩素剤を注入して消毒します。この時点で浄水となります。

⑤送水施設

浄水を配水池まで送る施設です。送水するためのポンプや送水管などで構成されます。

⑥配水施設

配水池の浄水を給水区域内の需要者に，その必要とする水圧で所要量を供給するための施設です。

⑦給水装置

給水装置とは，水道事業者の配水管から分岐して設けられた，給水管およびこれに直結する給水用具をいいます。給水用具とは，図の例では分水栓，量水器，給水栓のことです。建築物に設ける受水タンクと，それ以降の設備は給水装置には含まれません。

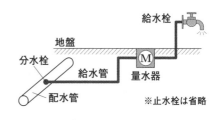

2 配水管，給水管

配水管を公道に埋設する場合，深さは原則として，1.2mより深くします。やむをえない場合は60cmより深くすればよいことになっています。

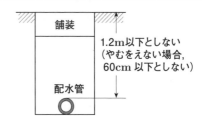

　外径80mm以上の配水管には，明示テープ，明示シートにより配水管であることを明示します。地色が青で，文字が白です。明示テープは幅3cmで，配水管に胴巻きをして，管の天端に貼ります。

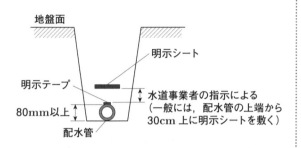

　配水管から給水管を取り出す場合は，配水管の管径より少なくとも一口径小さいものとします。取出しの位置は，他の取出し管より30cm以上離します。

　配水管から，管径が25mm以下の給水管を取り出す場合や，配水管が硬質ポリ塩化ビニル管の場合は，管の折損防止のためサドル付き分水栓を取り付けます。

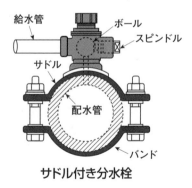

サドル付き分水栓

　道路内に配管する給水管は，他の埋設物より30cm以上離し，敷地内における給水管（車両通路部分を除く）の埋設深さは，一般に，30cm以上かつ凍結深度以上です。

塩素剤
液体塩素，次亜塩素酸ナトリウム，次亜塩素酸カルシウムなどのことで，飲料水の消毒用として用います。

配水管
水の供給を目的として，水道事業者が敷設した管路です。

給水管
配水管から分岐した飲料用配管です。

明示テープ

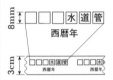

明示シート
道路掘削時に配水管の損傷を防止するために設けるシートです。

凍結深度
地盤の凍結が起こらない，地表面からの深さをいいます。

配水管は水道事業者の所有物なので，配水管から分岐して給水管を設ける工事を施工しようとする場合，水道事業者との連絡調整が必要になります。その業務は，給水装置工事主任技術者が行います。

水道事業者は，給水装置のうち，配水管の分岐から水道メータまでの材料，工法などについて指定できます。

また，水道事業者は，給水装置が水道事業者または指定給水装置工事事業者が施工したものであることを供給条件とすることができます。

過去問にチャレンジ！

問1　　　　　　　　　　　　　　　　　　難　中　易

上水道の配水管および給水装置に関する記述のうち，適当でないものはどれか。

(1) 道路に埋設する配水管は，原則として，緑色の胴巻きテープなどの使用により，識別を明らかにする。
(2) 硬質ポリ塩化ビニル管に分水栓を取り付ける場合は，配水管折損防止のため，サドルを使用する。
(3) 水道事業者は，給水装置のうち，配水管の分岐から水道メータまでの材料，工法などについて指定できる。
(4) 水道事業者は，給水装置が水道事業者または指定給水装置工事事業者が施工したものであることを供給条件とすることができる。

解説

配水管に胴巻きするテープの色は，青地に白文字です。緑色はガス管です。

解答　(1)

水道水

1 水道水の基準

水道水の基準のうち，主なものは次のとおりです。

項　目	基　準	備　考
一般細菌	集落数が100以下	1mL中
大腸菌	検出されないこと	－
pH（水素イオン濃度）	5.8～8.6	中性は7
鉄	0.3mg以下	1L中
色度	5度以下	－

2 残留塩素

水道水の原水が清浄であっても，病原体による感染症予防のため必ず消毒をします。水道水の消毒薬には，液化塩素，次亜塩素酸ナトリウムなどの塩素剤が使用されます。

残留塩素とは，塩素剤を用いて水を消毒した後も水中に残留し，消毒効果をもつ塩素のことです。

残留塩素には次の2種類があり，それぞれ必要な濃度が定められています。

種　類	必要な濃度（末端の給水栓）
遊離残留塩素	0.1mg/L
結合残留塩素	0.4mg/L

この表から，遊離残留塩素と結合残留塩素との殺菌効果を比べると，遊離残留塩素のほうが高いことがわかります。

過去問にチャレンジ！

問1

難 **中** 易

水道水の消毒に関する記述のうち，適当でないものはどれか。

(1) 水道水の原水が清浄であっても，必ず消毒しなければならない。

(2) 水道水の消毒薬には，液化塩素，次亜塩素酸ナトリウムなどが使用される。

(3) 一般細菌は，塩素で消毒すると，ほとんど検出されなくなる。

(4) 遊離残留塩素より結合残留塩素のほうが，殺菌作用が大きい。

解 説

遊離残留塩素の最低の濃度は0.1mg/Lで，結合残留塩素は0.4mg/Lなので，殺菌作用は遊離残留塩素のほうが大きくなります。

解 答 (4)

問2

難 **中** 易

水道水の水質基準に関する記述のうち，適当でないものはどれか。

(1) 一般細菌は，1mLの検水で形成される集落数が100以下であること。

(2) 大腸菌は，1mLにつき10個以下であること。

(3) 鉄およびその化合物は，鉄の量に関して，0.3mg/L以下であること。

(4) pH値は，5.8以上8.6以下であること。

解 説

水道水の水質基準には，「大腸菌は検出されないこと」とあります。

解 答 (2)

下水道施設

1 排水の種類

排水には，次のような種類があります。

汚水	トイレからの屎尿
雑排水	台所，浴室などからの排水
雨水	屋根などに溜まった雨
特殊排水	放射性物質など，そのまま排水できないもの

2 分流式，合流式

　公道下での下水道施設において，汚水などを下水道に流入させる方式には，次の2通りがあります。

①分流式

　汚水と雑排水を同一の管，雨水を別の管で排水します。敷地内において，分流式の雨水管と汚水管が並行する場合，原則として，汚水管を建物側に配管します。

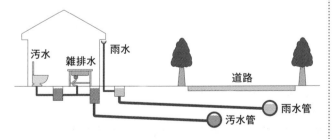

補足

1
上・下水道

殺菌効果
水中の微生物を死滅させる効果をいいます。

排水
建物からの排水が排水基準に適合しない場合は，除外施設等を設ける必要があります。

下水道
下水道法によれば，次のように分類されます。
・公共下水道
　市町村が管理。
・流域下水道
　都道府県が管理。
・都市下水路
　雨水が対象で，市町村が管理。

分流式
敷地外の公道下では，両側に家があるなど，いずれが建物側であるかが判断できないため，雨水管と汚水管の配管位置に制約はありません。

②合流式

　汚水，雑排水，雨水を同じ管で排水します。合流式は，降雨時に越流水を公共用水域に放流するので，分流式に比べ，水質汚濁のおそれが高くなります。

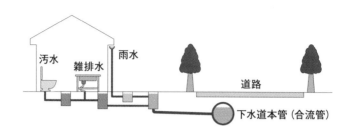

　なお，分流式，合流式という呼び方（定義）は，敷地外と敷地内で次のように異なります。

◆敷地外の場合

　分流式→汚水と雑排水は一緒の配管で，雨水が別配管
　合流式→すべて一緒の配管

◆敷地内の場合

　分流式→汚水，雑排水，雨水の配管をすべて別にする
　合流式→汚水と雑排水の配管を一緒にする。雨水は単独配管

3 管の呼び方

　下水管の名称には，次の種類があります。

- 汚水管：汚水と雑排水を1本にした管渠です。
- 雨水管：雨水だけの管渠です。
- 合流管：汚水，雑排水，雨水のすべてを1本にした管渠です。

4 管渠の接合

　管渠の径が異なる場合の接合には，次の方式があります。

- ●水面接合：上流管と下流管の水面が一致するように接合します。
- ●管頂接合：管の内面頂部の高さを合わせて接合します。
- ●管底接合：管の内面底部の高さを合わせて接合します。
- ●管心接合：管の中心を合わせて接合します。

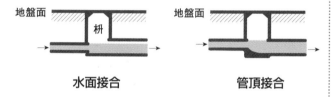

水面接合　　　　　　　管頂接合

5 枡の種類と基準

　枡には次のような種類があります。

①インバート枡

　汚水排水用の枡で下水の円滑な流下を図るため，底部にほぼ半円形の溝を設けます。

②雨水排水トラップ枡

　雨水を排水する枡の底部に深さ15cm以上の泥溜め（泥溜まり）を設けます。合流式の場合，雨水管を汚水管に接続する箇所の枡は，臭気の発散を防止するためトラップ枡とします。

補足

越流水
大雨時に下水処理施設で処理しきれなくなった下水のことです。

管渠の接合
一般に採用されるのは，水面接合または管頂接合です。水面接合は水理計算を行い，効率的に排水できます。下水道本管に接続する取付管の最小管径は，150mmが標準です。また，汚水管渠の流速は0.6〜3m/s，他は0.8〜3m/sです。

枡
屋外において，排水の一時的な貯留や排水管の点検，清掃のために設けます。

汚水管の合流
汚物が合流部に滞留しないよう，縦と横の排水管を枡の中心から離し，インバートの曲率半径を大きくします。

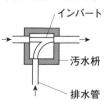

インバート
汚水枡
排水管

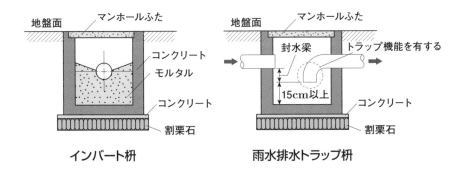

インバート枡 　　　　　雨水排水トラップ枡

③ドロップ枡

　敷地に段差があるときや，埋設を深くしたいときなどに使われる枡です。

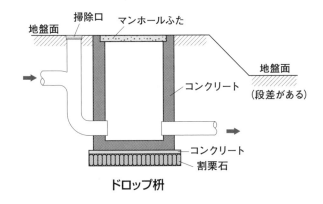

ドロップ枡

　枡は，曲がり部分や点検，清掃に必要な箇所に設けますが，直線部分では排水管の内径の120倍を超えない範囲に設けます。

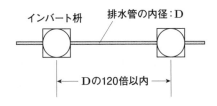

6 管渠の施工

　硬質ポリ塩化ビニル管などの可とう性の管渠の基礎は，地震の揺れや振動などに対してある程度の追随性（ついずいせい）が求められるので，原則として，自由支承の砂または砕石（さいせき）基礎とします。下水道本管に取付け管を接続する場合，枡と本管をつなぐ取付け管は，本管の中心線より上方に取り付けます。一般に，流速は，管渠内に沈殿物が堆積するのを防ぐため，下流にいくほど漸増（わずかに増やす）させ，勾配は緩やかにします。

補足

自由支承の砂
上部構造と下部構造の間で支えるものを支承といい，砂の場合，上下構造が固定されずに自由に動きます。

砕石基礎
岩石を砕いて敷いたものです。

過去問にチャレンジ！

問1　　　　　　　　　　　　難　**中**　易

　下水道法に規定する「排水設備」の枡（ます）に関する文中，[　　]内に当てはまる数値の組合せとして，適当なものはどれか。

　枡は，管渠の長さが内径の[　A　]倍を超えない範囲に設ける。また，雨水を排除する枡の底部には[　B　]cm以上の泥溜めを設ける。

	(A)		(B)
(1)	120	—	10
(2)	120	—	15
(3)	150	—	10
(4)	150	—	15

解　説

　枡は，管渠の長さが内径の120倍を超えない範囲に設け，雨水枡の底部には15cm以上の泥溜めを設けます。

解　答 (2)

2 給水・給湯

まとめ & 丸暗記　この節の学習内容とまとめ

☐ 給水用語
- クロスコネクション
  飲料水の給水・給湯系統とその他の系統が直接接続されること
  →禁止
- 吐水口空間
  給水栓の吐水口端と洗面器のあふれ縁との垂直距離
- バキュームブレーカ
  逆サイホン作用による負圧を解消する装置
- ウォータハンマ
  給水管を流れる水が，急閉止弁で閉じられた際の圧力の変動
  管内流速は2.0m/sを超えないようにする

☐ 主な給水方式
水道直結式（直圧，増圧），高置水槽式，ポンプ直送式

☐ 水槽の構造
- 壁，床から60cm以上，天井から1m以上離して設置
- マンホールのふたは直径60cm以上
- オーバーフロー管は間接排水とし防虫網を設置

☐ 給湯方式

方式	機器	分類
局所式	ガス瞬間湯沸器	元止め式
		先止め式
中央式	ボイラ，貯湯槽	

☐ レジオネラ属菌：約55℃で死滅

給水用語

1 クロスコネクション

　飲料水の給水・給湯系統とその他の系統が，配管や装置により直接接続されることをクロスコネクションといいます。止水栓や逆止弁を設けても，クロスコネクションとなり，禁止されています。

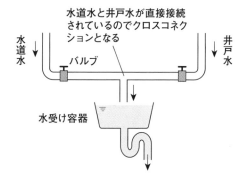

水道水と井戸水が直接接続されているのでクロスコネクションとなる

水道水 ↓　バルブ

井戸水 ↓

水受け容器

補足

止水栓
給水の停止や給水を制限するための装置です。

逆止弁
水の逆流を防止するための弁です。

2 吐水口空間

　給水栓の吐水口端と洗面器のあふれ縁との垂直距離を吐水口空間といいます。洗面器のオーバーフロー口との垂直距離ではないので注意しましょう。吐水口空間を確保できない衛生器具やゴミ置き場のホース接続水栓には，バキュームブレーカを設けます。

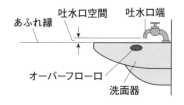

あふれ縁　吐水口空間　吐水口端

オーバーフロー口

洗面器

バキュームブレーカ
給水管内の圧力を負圧（大気圧未満の圧力）とさせない装置です（104ページ参照）。

3 バキュームブレーカ

水受け容器中に吐き出された水が，給水管内に生じた負圧による吸引作用のため，管内に逆流する現象を，逆サイホン作用（現象）といいます。この逆サイホン作用が起こると，いちど吐き出した水を吸引するおそれがあります。吐水口空間の確保が基本です。

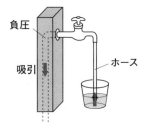

負圧
吸引
ホース

バケツに入った水がホースを
通して管内に逆流する

バキュームブレーカは，管内が負圧になったとき，大気を取り込んで負圧を解消する装置で，吐水口空間を確保できない衛生器具に設けます。バキュームブレーカには，**大気圧式と圧力式**があります。大便器には大気圧式が使用され，大便器洗浄弁などと組み合わせて使用されます。

大気圧式バキュームブレーカは，最終弁（最終の止水機構）の2次側に設けます。

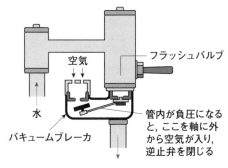

空気
フラッシュバルブ
水
バキュームブレーカ

管内が負圧になると，ここを軸に外から空気が入り，逆止弁を閉じる

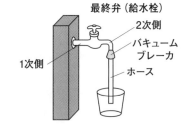

最終弁（給水栓）
2次側
バキューム
ブレーカ
1次側
ホース

4 ウォータハンマの防止

給水管を流れる水が，レバーハンドルなどの<ruby>急閉止弁<rt>きゅうへいしべん</rt></ruby>で閉じられると，押し戻された水流とぶつかり，圧力の変動が生じます。この現象をウォータハンマといいます。

防止策としては，次の方法があります。

- 配管の曲がり（U字配管や鳥居配管）部分をなくす。
- 管内流速が2.0m/sを超えないように設計する。
- 静水頭が高い配管にはエアチャンバー（水撃防止器）を設ける。

補足

U字配管，鳥居配管
アルファベットのU，神社の鳥居から名付けられたもので，空気溜まりができやすいので，極力避けます。

2
給水・給湯

U字配管

鳥居配管

5 器具給水負荷単位

給水栓などの各種給水用具の使用頻度などを考慮して定めたのが，**器具給水負荷単位**です。給水管が受け持つ器具給水負荷単位の総和から瞬時最大給水流量を求めます。給水管の管径を算定する元になります。

過去問にチャレンジ！

問1   難　**中**　易

給水設備に関する記述のうち，適当でないものはどれか。

(1) 洗面器のあふれ縁とは，洗面器のオーバーフロー口の下端をいう。
(2) 吐水口空間を確保できない衛生器具には，バキュームブレーカを設ける。
(3) クロスコネクションとは，飲料水の給水・給湯系統とその他の系統が配管・装置により直接接続されることをいう。
(4) 逆サイホン作用とは，水受け容器中に吐き出された水などが，給水管内に生じた負圧による吸引作用のため，管内に逆流する現象をいう。

解　説

洗面器の上端をあふれ縁といいます。

解　答　(1)

給水設備

1 給水方式

配水管から給水栓までの給水には，主に次の方式があります。

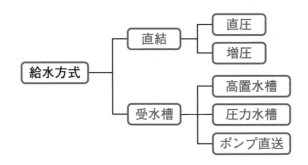

①水道直結式

　配水管から，給水管で各給水用具に送水する方式です。使用箇所まで密閉された管路で直結して供給されるため，水質汚染の可能性が低く，もっとも衛生的な方式です。増圧ポンプを設置しないので，工事費が安い反面，配水管の水圧に頼るため，給水できる高さには限度があります。

　中高層建物に水道直結で給水するには，水道直結増圧式があります。これは，逆流を確実に防止できる逆流防止器が内蔵された直結加圧形給水ポンプユニットを用いて給水するものです。

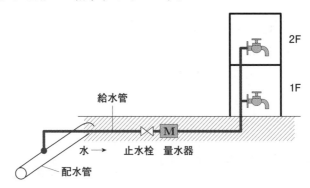

②高置水槽式

　ポンプで屋上などに設置した高置水槽に揚水し，落差（高さによる重力）で給水する方式です。

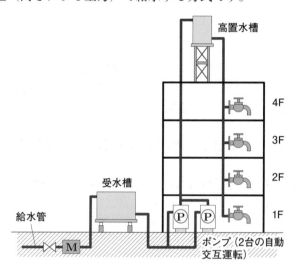

高置水槽

4F

3F

受水槽

2F

給水管

1F

M

ポンプ（2台の自動
交互運転）

③ポンプ直送式

　受水槽を設け，ポンプで個々の給水栓に送水します。給水管の圧力または流量を検出し，ポンプの運転台数や回転数を変えます。水圧は安定していますが，停電になるとすぐに断水となります。

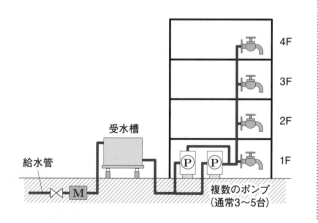

4F

3F

受水槽

2F

給水管

1F

M

複数のポンプ
（通常3〜5台）

2

給水・給湯

受水槽
水道事業者からの水を受けるタンクです。有効容量が10m³を超えるものを簡易専用水道といいます。

直結加圧形給水ポンプユニット
増圧ポンプ，逆流防止器，制御盤など複数の機器を組み込んだものです。増圧ポンプだけでは，配水管の水圧に影響を及ぼすので，認められません。

高置水槽
重力により各給水栓へ給水するためのタンクです。最高位の給水栓より，8〜10m高い位置に設置します。高架水槽ともいいます。

高置水槽式
給水本管（配水管）からの給水量は，水道直結増圧式に比べて少なくて済みます。つまり，引込管の口径は細くてよいことになります。揚程が30mを超える給水ポンプの吐き出し側に取り付ける逆止め弁は，衝撃吸収式とします。

　水槽はタンクともいい，受水槽，高置水槽などがあります。水槽の設置に関しては，次の点に留意します（詳細は143ページ参照）。

- 直径60cm以上の円が内接できるマンホールを設ける。
- FRP製水槽と鋼管との接続には，フレキシブルジョイントを設けて，配管の重量や配管の変位による荷重が直接水槽にかからないようにする。
- オーバーフロー管は間接排水とし，管端開口部には防虫網（金網など）を設ける。
- FRP製タンクは，軽量で施工性に富むが日光を完全には遮断できず，紫外線の透過により，藻が繁殖しやすい。
- ステンレス鋼板製タンクは，タンク内上部の気相部に塩素が滞留しやすいので，耐食性に優れたステンレスを使用する。
- 鋼板製タンク内の防錆処理は，エポキシ樹脂等の樹脂系塗料によるコーティングを施す。

過去問にチャレンジ！

問1　　　　　　　　　　　　　　　　難　中　易

給水方式に関する記述のうち，適当でないものはどれか。

(1) 水道直結式は，配水本管の圧力に応じて給水圧力が変化する。
(2) 水道直結式は，高置水槽式に比べて水質汚染の可能性が高い。
(3) ポンプ直送式の給水ポンプは，高置水槽式の揚水ポンプと比べて，一般にポンプ容量が大きくなる。
(4) 高置水槽式は，給水圧力が他の方式に比べて安定している。

解説

　水道直結式は，配水管に直結して末端の給水栓まで飲料水が供給されるため，高置水槽式に比べて水質汚染の可能性は低くなります。

解答 (2)

給湯設備

1 加熱機器

　水を温水や蒸気にする装置を加熱機器といい，次のようなものがあります。

①ボイラ

　ガスや石油などを燃料に，温水や蒸気を作ります。主に大規模な建物で使用されます。

②ガス瞬間湯沸器

　ガスを燃料に，温水を作ります。貯湯機能はなく，一般家庭などで使用されます。

③電気温水器

　割安な深夜電力を利用して，夜間に温水を作っておき，昼間に使用します。

④ヒートポンプ給湯器

　大気中の熱エネルギーを給湯の加熱に利用します。

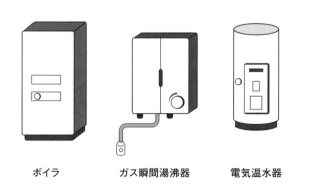

ボイラ　　　ガス瞬間湯沸器　　　電気温水器

補足

FRP製水槽
ガラス繊維強化プラスチック製の水槽で，FRPはFiber glass Reinforced Plasticの略です。

フレキシブルジョイント
伸縮可とう継手のことです。

オーバーフロー管
受水槽の最高水位を越えたときに排水するための配管で，越流管ともいいます。

加熱機器
配管をコンクリート内に敷設する場合は，熱による伸縮で配管が破断しないように保温材等をクッション材として機能させます。

深夜電力
夜間の決められた時間帯に使用する電気で，割安の料金体系となっています。

109

2 給湯方式

給湯方式には，次の2種類があります。

①局所式給湯方式

湯を使用する場所またはその近くに，個別に加熱機器を置いて湯を出す方式です。給湯箇所が少ない場合は局所式給湯方式がよく用いられますが，供給箇所が多くなると維持管理が煩雑となります。ガス瞬間湯沸器はこれに属します。

②中央式給湯方式

機械室などにボイラを設け，貯湯槽（ストレージタンク）を経て，給湯管により各所へ湯を供給する方式です。多量の湯を必要とし，給湯箇所が多いホテル，病院，大規模ビルなどで採用されます。管理しやすい反面，設備費は高くなります。

3 ガス瞬間湯沸器

従来型のガス瞬間湯沸器の熱効率は約80％ですが，さらに熱効率を約95％まで高めたものが，潜熱回収型給湯器です。従来型は，燃焼ガスの排気を水蒸気として大気に放熱していましたが，潜熱回収型給湯器は，燃焼排ガス中の水蒸気の凝縮潜熱を回収しています。

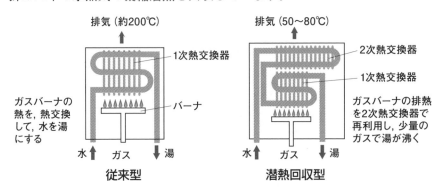

また，密閉式湯沸器（FF方式）は，燃焼に屋外の空気を用い，燃焼ガスは排気筒で屋外へ排出します。

防火区画を貫通するガス湯沸器の排気筒（煙突）には，燃焼や排気の妨げとなるので防火ダンパー（FD）を設けてはいけません。

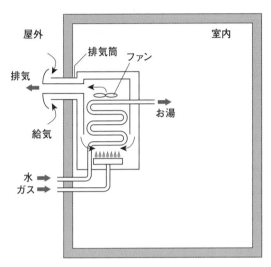

密閉式湯沸器

補足

熱効率
燃焼ガスの熱エネルギーが，湯の温度上昇の熱にどれだけ使われたかを表す割合です。

熱交換器
ある熱媒（バーナの熱）と他の熱媒（水）を混合させずに，熱を伝える装置です。

凝縮潜熱
気体が液体に変わるとき放出する熱です。

防火区画
火災時に建物内の延焼を防ぎ，避難を容易にするための区画です。

防火ダンパー（FD）
火が他の防火区画に入らないよう，防止する装置をいいます。FDはFire Damperの略です。

2
給水・給湯

4 ガス瞬間湯沸器の出湯能力

出湯能力は号数で表されます。1号とは1Lの水を1分間に25℃上昇させる能力です。たとえば，24号のガス湯沸器なら，24Lの水を1分間に25℃上昇させることができます。

一般家庭で住戸セントラル給湯に使用するガス瞬間湯沸器は，冬期におけるシャワーと台所において，湯の同時使用に十分に対応するためには，24号程度の能力が必要です。

5 元止め式と先止め式

　ガス瞬間湯沸器は，水が湯沸器を通過する間に，ガスにより加熱してお湯をつくるもので，給湯する場所により次の2種類があります。

①元止め式湯沸器

　小形のガス瞬間湯沸器で，湯沸器付属の水入口側の水栓を開閉して給湯します。

②先止め式湯沸器

　湯沸器の先の配管に設けた湯栓を開閉することでバーナを点火，閉止します。

　屋内に給湯する屋外設置のガス瞬間湯沸器は，先止め式とします。シャワーに用いるガス瞬間湯沸器は，シャワーで操作できる先止め式とします。シャワー用水栓は，熱傷の危険を避けるため，一般に，サーモスタット付き湯水混合水栓を使用します。

6 給湯温度

　用途によって，使用温度，給湯温度は表のとおり異なります。

用途	使用温度	給湯温度
給茶	90℃	90℃以上
浴室	42℃	55〜60℃
洗面	40℃	55〜60℃

　中央式給湯方式の場合，浴室などへの給湯温度は，一般に途中での温度低下を考慮し，使用温度より高めの55〜60℃程度で供給します。また，レジオネラ属菌は約55℃で死滅するので，それより給湯温度を低くしないことが重要です。使用場所で水を混ぜて適温（使用温度）にします。

7 中央式給湯方式

次の図は，開放式の膨張タンクを用いた中央式給湯方式の例です。

ボイラで作った温水（湯）は貯湯槽に運ばれます。貯湯槽の加熱コイルで温度が保たれ，給湯栓との間を湯が循環します。

湯は膨張し，管内の圧力が高くなるので，逃し管で，その圧力と湯を膨張タンクへ逃がします。タンクに貯まった湯は貯湯槽に戻して再利用します。

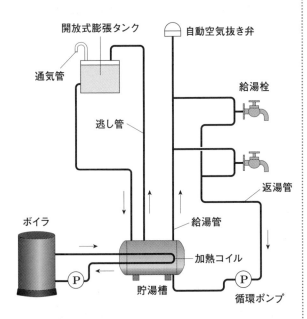

開放式膨張タンク　　　　自動空気抜き弁

通気管

給湯栓

逃し管

返湯管

ボイラ　　　　　　　　　給湯管

加熱コイル

貯湯槽　　　　循環ポンプ

中央式給湯方式の構成機器は，次のとおりです。

①膨張タンク

水の膨張により装置内の圧力を異常に上昇させないために設けるもので，開放式膨張タンクと密閉式膨張タンクがあります。

**サーモスタット付き
湯水混合水栓**
温度を自動調節するのがサーモスタットで，ダイヤルの温度調節つまみで温度を設定すると，その温度の湯水が供給される水栓。主に風呂などで使用される。

レジオネラ属菌
土や塵にまみれて冷却搭水に混入し，増殖します。この飛沫を吸入した場合，抵抗力や免疫力が低下した人に感染し，肺炎などを起こします。通常の残留塩素により死滅します。

補足

2
給水・給湯

開放式膨張タンクは，一般に補給水（給湯装置へ補給される湯）の供給も兼ねており，設置位置は，給湯配管系のもっとも高い位置に設けます。密閉式膨張タンクは，空気の圧縮性を利用して膨張した分を吸収しますが，設置位置や高さについては特に制限はありません。

②逃し管

加熱による水の膨張で装置内の圧力が異常に上昇しないように設けます。仕切弁を設けてはいけません。

③逃し弁（安全弁）

密閉式膨張タンクは内部圧力が上昇するので，安全装置として逃し弁（安全弁）を設置します。

④返湯管

給湯栓からの湯を貯湯槽に戻す配管です。

⑤循環ポンプ

湯を循環させるために，一般に返湯管の貯湯槽入口に設けます。給湯管の貯湯槽出口ではありません。配管の途中に設けます。

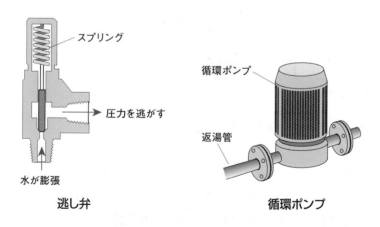

逃し弁　　　　　　　　循環ポンプ

過去問にチャレンジ！

問1　　　　　　　　　　　　　　　　難　中　易

給湯設備に関する記述のうち，適当でないものはどれか。

(1) ガス瞬間湯沸器の出湯能力は，流量1L/分の水の温度を25℃上昇させる能力を1号として号数で表す。

(2) 逃し管は，貯湯タンクなどから単独で立ち上げ，保守用の仕切弁を設ける。

(3) 潜熱回収形給湯器は，燃焼排ガス中の水蒸気の凝縮潜熱を回収することで，熱効率を向上させている。

(4) 屋内に給湯する屋外設置のガス湯沸器は，先止め式とする。

解 説

貯湯タンクから立ち上げた逃し管に仕切弁を設けてはいけません。

解 答 (2)

問2　　　　　　　　　　　　　　　　難　中　易

給湯設備に関する記述のうち，適当でないものはどれか。

(1) 循環式の給湯温度は，レジオネラ属菌の繁殖を抑制するため，40℃程度とする。

(2) 密閉式膨張タンクは，設置位置および高さの制限を受けない。

(3) ガス瞬間湯沸器の能力は，一般に，号数で呼ばれ，水温の上昇温度を25℃とした場合の出湯流量1L/分を1号としている。

(4) 循環ポンプは，湯を循環させることにより配管内の湯の温度低下を防止するために設ける。

解 説

40℃の湯温では，レジオネラ属菌は繁殖するので，55〜60℃程度にします。

解 答 (1)

3 排水・通気

まとめ & 丸暗記　　この節の学習内容とまとめ

☐　トラップ

トラップ	種類	封水
サイホン式	S，P，Uトラップ	破れやすい
非サイホン式	ドラム，椀トラップ	破れにくい

Sトラップ

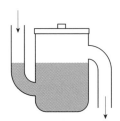

ドラムトラップ

☐　トラップの封水深さ：5〜10cm

☐　阻集器：オイル阻集器，グリース阻集器，ヘア阻集器

☐　通気の種類
　　伸頂通気，各個通気，ループ通気

排水設備

1 トラップ

トラップは，排水管の途中や衛生器具の内部（作り付けトラップ）に設けるもので，一定の水が溜まる構造になっています。この水（封水という）で，排水管内の不快臭や衛生害虫の侵入を防止します。

トラップの封水深さは，阻集器を兼ねる場合を除き，5cm以上10cm以下とします。

1つの系統で2個以上トラップを設けることを二重トラップ（ダブルトラップ）といい，禁止されています。2つのトラップの間の空気がクッションになり，排水が流れにくくなるためです。

排水管の管径はトラップの口径より小さくすることはできません。

トラップの深さは，ウェアとディップ間の鉛直距離をいいます。なお，トラップには，サイホン式と非サイホン式があります。

補足

衛生害虫
危険または不快な虫をいいます。

阻集器
排水中の有害物や再利用できるものを下水に流さないよう，回収する装置です（118ページ参照）。

自己サイホン作用
自らの排水によるサイホン作用です。サイホンとは細い管（チューブ）で，水を高い位置まで上げて流下させることです。結果として封水が流下してしまいます。

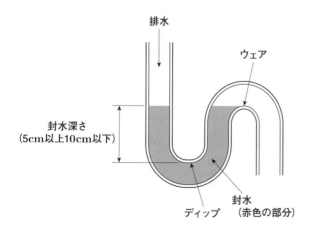

排水

ウェア

封水深さ
（5cm以上10cm以下）

ディップ

封水
（赤色の部分）

117

①サイホン式トラップ

　管トラップには，次の種類があり，Sトラップは自己サイホン作用による破封（封水破れを起こすこと）が生じやすいトラップです。

Sトラップ　　　　　Pトラップ　　　　　Uトラップ

②非サイホン式トラップ

　ドラムトラップや椀トラップがあります。ドラムトラップは，封水部に多量の水を保有し，破封が生じにくいトラップです。

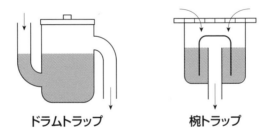

ドラムトラップ　　　　　椀トラップ

2 阻集器

　排水の中に下水に流してはいけないものを含んでいるとき，これを流さないようにする機器が阻集器です。オイル阻集器，グリース阻集器，ヘア阻集器などがあります。

　オイル阻集器は，排水管中にガソリンなどが流入するのを防止する目的で設置します。阻集器をガソリンなどの流出する箇所の近くに設け，阻集器の水面に浮いたガソリンを回収します。

　阻集器にはトラップ機能を併せもつものが多いので，ほかにトラップを設けると，二重トラップになるおそれがあります。

3 排水管の管径

　排水横枝管の最小管径は30mmで，排水横主管の管径は，これに接続する排水立て管の管径以上とします。また，地中または地下床埋設排水管の管径は，できるだけ50mm以上とします。なお，大便器が接続する排水横枝管の最小管径は75mmです。

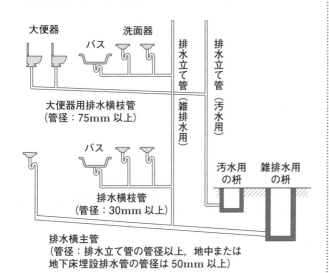

大便器
バス
洗面器
排水立て管
排水立て管

大便器用排水横枝管
（管径：75mm 以上）

（雑排水用）
（汚水用）

バス
汚水用の枡
雑排水用の枡

排水横枝管
（管径：30mm 以上）

排水横主管
（管径：排水立て管の管径以上，地中または
地下床埋設排水管の管径は 50mm 以上）

4 間接排水

　次のところは，間接排水とします（排水口空間を設ける）。排水管の先端が水受け容器に埋没しないようにします。

- ● ルームクーラーのドレン水
- ● 飲料用水槽のオーバーフロー水
- ● 洗濯機の排水
- ● ウォータクーラー

補足

管トラップ
管の一部をトラップとして利用するものです。

封水破れ
トラップの水がなくなることで，封水切れともいいます。

グリース阻集器
多量の油脂分が含まれている，レストランなどの厨房からの排水を，流下させず除去する装置です。

ヘア阻集器
理髪店，公衆浴場などから出る毛髪類を流下させず除去する装置です。

間接排水
汚染防止の目的で，排水管の途中を大気に開放し，水受け容器などで受ける排水方法です。

排水口空間
水の逆流を防ぐための空間です。

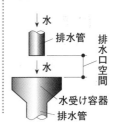

↓水
排水管
排水口空間
↓水
水受け容器
排水管

3
排水・通気

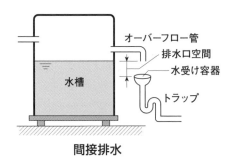

間接排水

　水受け容器の排水管にはトラップを備えます。

　貯水槽，水飲み器，空調機などからの排水は，排水管に直接接続しないで，水受け容器を設けて排水します。その垂直距離を排水口空間といいます。

　排水口空間は排水管の管径により定められ，最小5cm以上ですが，飲料用水槽に設ける間接排水管の排水口空間は，管径によらず最小15cmです。

過去問にチャレンジ！

問1　　　　　　　　　　　　　　　　　難　中　易

　排水・通気に関する記述のうち，適当でないものはどれか。

(1) ドラムトラップは，封水部に多量の水を保有する。

(2) Pトラップは，Sトラップより封水が破られやすい。

(3) 阻集器にはトラップ機能を併せもつものが多いので，器具トラップを設けると，二重トラップになるおそれがある。

(4) 間接排水の水受け容器には，トラップを備える。

解　説

　Pトラップ，Sトラップのいずれもサイホン式トラップで，封水が破られやすい（封水切れしやすい）トラップですが，より封水が破られやすいのはSトラップです。

解　答　(2)

通気設備

1 通気の種類

　排水管に接続して通気をよくする配管を通気管といいます。通気管の目的は，排水トラップの封水が破られないようにし，排水の流れをよくすることと，排水管内の臭気を大気に開放することです。

　通気には，次の方式があります。

①伸頂通気

　通気立て管を設けず，排水立て管の頂部から通気管を立ち上げて伸頂通気管として併用するものです。排水立て管の管径より縮小せずに立ち上げ，大気に開放します。一般に，伸頂通気管の管径は排水立て管と同径です。上階から下階まで同じ造りの共同住宅（マンション，アパートなど）に採用される方式です。

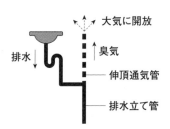

②各個通気

　各器具のトラップ下流側からそれぞれ通気管を立ち上げます。もっとも信頼性があります。通気管の管径は，接続される排水管の管径の$\frac{1}{2}$以上とします。

補足

封水
排水管の途中に設けた，溜まり水です。誘導サイホン作用，自己サイホン作用，蒸発，毛管現象などにより封水切れします。

各個通気
誘導サイホンや自己サイホン作用の防止に有効な通気方式です。

通気管の管径
排水管に設ける通気管の最小管径は30mmとし，排水槽の通気管は，最小管径を50mmとします。直接単独で大気に衛生上有効に開放します。

3
排水・通気

121

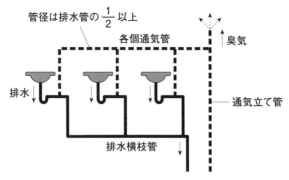

③ループ通気

　2個以上の器具トラップを保護するため，最上流の器具排水管が排水横枝管に接続した点のすぐ下流から通気管を立ち上げて，通気立て管または伸頂通気管に接続します。

　ループ通気管の横走り管には，通気立て管に向かって**先上り勾配**をつけます。管径は，排水横枝管と通気立て管の管径のうち，いずれか小さいほうの$\frac{1}{2}$以上とします。

　この方式は，事務所ビルでよく採用されています。

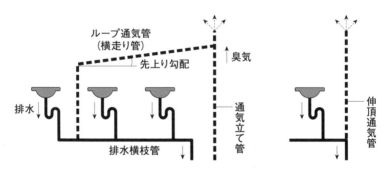

2　通気管の施工

　排水横枝管から通気管を取り出す場合は，排水横枝管の中心線上部から**45度以内**の角度で取り出します。通気管は，管内の水滴が自然流下によって排水管に流れるように勾配をとります。

　通気立て管の取出しは，**最低位の排水横枝管より下部**で排水立て管か排

水横主管とします。

　通気立て管の上部は，最上階に設けたもっとも高い位置の器具のあふれ縁より15cm以上高い位置で伸頂通気管に接続するか，単独に延長し，大気に開放します。建物の張出しの下部に開放することはできません。

先上り勾配
管内を流れる流体の方向が上り勾配のことです。

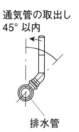

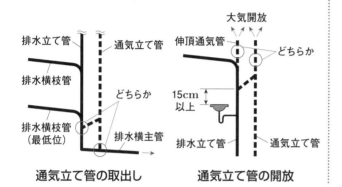

通気立て管の取出し　　通気立て管の開放

過去問にチャレンジ！

問1　　　　　　　　　難　**中**　易

通気設備に関する記述のうち，適当でないものはどれか。

(1) 各個通気方式は，通気方式のうちでもっとも完全な機能が期待できる。

(2) ループ通気方式は，事務所ビルで一般的に採用されている。

(3) 排水立て管の上部は，伸頂通気管として延長し，建物の張出しの下部に開放する。

(4) ループ通気管は，通気立て管または伸頂通気管に接続する。

解説

　建物の張出しの下部で通気管を開放すると，臭気がこもるので適当ではありません。

解答　(3)

4 消火・ガス・浄化槽

まとめ & 丸暗記　この節の学習内容とまとめ

☐ 屋内消火栓

種類	水平距離	口径	操作
1号消火栓	25m以下	40mm	2人以上
2号消火栓	15m以下	25mm	1人

☐ 加圧送水装置
始動：遠隔操作可
停止：直接操作のみ

☐ ガス

種類	主成分	空気との比較
液化石油ガス （LPG）	プロパン プロピレン	重い
液化天然ガス （LNG）	メタン	軽い

☐ 浄化槽の種類
- 単独処理浄化槽
- 合併浄化槽

☐ 浄化槽の処理
- 生物膜法
- 活性汚泥法

消火設備

1 屋内消火栓設備

屋内消火栓設備は，火災を初期段階で消火することを目的としています。屋内消火栓には1号消火栓と2号消火栓があります。

種類	水平距離	口径	放水量	放水圧力
1号消火栓	25m以下	40mm	130L/分	0.17MPa ～0.7MPa
2号消火栓	15m以下	25mm	60L/分	0.25MPa ～0.7MPa

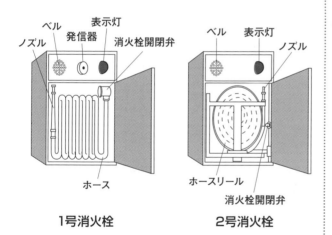

1号消火栓　　　　　2号消火栓

① 1号消火栓

消火栓を中心とし，半径25mの円を描いたとき，建物のすべてが円内に入っていればよいことになります。もし入らなければ設置台数を増やす必要があります。放水量が多く，操作は2人以上で行います。

補足

水平距離
床面に対して平行で，直線で測った距離です。

MPa
圧力の単位です。0.1MPaがほぼ大気圧に相当します。

②2号消火栓

1号同様，半径15mの円を描いて必要数を求めます。放水量は少ないものの，操作性を重視しており，操作は1人でできます。

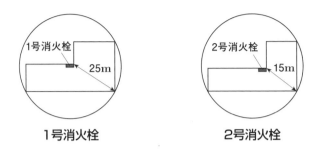

1号消火栓　　　　　2号消火栓

どちらの消火栓を設置するかは，建築主の判断に任されていますが，工場，倉庫，作業場などは，放水量の多い1号消火栓であることが義務付けられています。

2 屋内消火栓の基準

屋内消火栓は，停電時でも一定時間使用できるように，非常電源を附置します。開閉弁（バルブ）は，床面からの高さが1.5m以下の位置に設け，屋内消火栓箱の上部には，暗い中でも所在を示すために標示用の赤色の灯火（表示灯）を設けます。

3 加圧送水装置

屋内消火栓箱のホースに水を送る装置を加圧送水装置といいます。定格負荷運転時のポンプの性能を試験するための配管設備を設けます。加圧送水装置の始動は，遠隔操作（屋内消火栓箱）で行うことができますが，停止は遠隔操作ではできず，直接操作に限定されています。

なお，加圧送水装置には，ポンプ式，高架水槽式，圧力水槽式がありますが，水道に直結することはできません。一般にはポンプ式が用いられ，屋内消火栓用ポンプでは，吐出側に圧力計，吸込側に連成計を設けます。

4 ポンプの性能

屋内消火栓用ポンプの性能を決定する上で重要な要素には，次のようなものがあります。

- 屋内消火栓の同時開口数（1または2）
- 配管の損失水頭
- ホースの損失水頭
- ノズルの放水圧力換算水頭
- 揚程

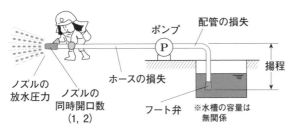

ポンプの仕様を決定するもの

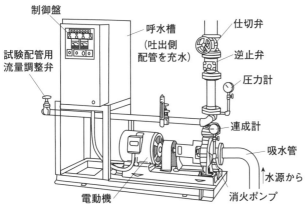

ポンプ水槽方式の加圧送水装置の例

 補足

定格負荷運転
モータなどが通常の状態で運転されていることです。

連成計
大気圧未満（負圧）から大気圧を超えて（正圧）まで測定できる圧力計です。

損失水頭
配管内を流れる流体が受ける摩擦損失を水頭〔m〕で表したものです。

揚程
ポンプで揚水する高さをいいます。

フート弁
ポンプ足下の水を吸水するとき，吸水管の先端に設置する逆止弁です。ポンプ停止時の落水を防止します。

ストレーナー

吸水管
ポンプごとに専用とし，機能の低下を防止するためにろ過装置を設けます。

4
消火・ガス・浄化槽

5 スプリンクラー設備

　天井に設置し，火災が小規模なうちに消火する**自動散水式**の設備がスプリンクラーです。スプリンクラーヘッドが大気に開放されている**開放型**と，開放されていない**閉鎖型**があります。さらに，閉鎖型は，ヘッドが充水している**湿式**と圧縮空気の**乾式**があります。標準型ヘッドには，有効散水半径が2.3mのものと2.6mのものがあります。

開放型スプリンクラーヘッド　　閉鎖型スプリンクラーヘッド

　凍結のおそれがある場所には乾式を設置します。**劇場の舞台部**に設置するスプリンクラーヘッドは，**開放型**とします。

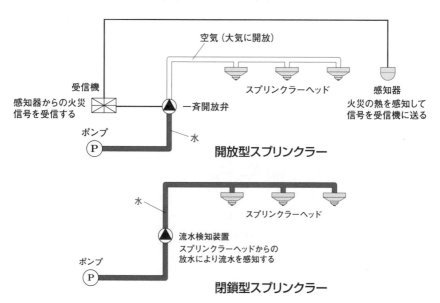

過去問にチャレンジ！

問1　　　　　　　　　　　　難　中　易

屋内消火栓設備に関する記述のうち，適当でないものはどれか。

(1) 1号消火栓は，防火対象物の階ごとに，その階の各部分からの水平距離が25m以下となるように設置する。
(2) 屋内消火栓箱には，ポンプによる加圧送水装置の停止用押しボタンを設置する。
(3) 屋内消火栓用ポンプの吸込側には，連成計を設置する。
(4) 屋内消火栓の開閉弁は，床面からの高さが1.5m以下の位置に設置する。

解説

屋内消火栓箱の中に，停止用押しボタンを設置するのは，加圧送水装置の遠隔操作となるので不可です。停止は直接操作のみ可能です。

解答 (2)

問2　　　　　　　　　　　　難　中　易

屋内消火栓ポンプの仕様を決定する上で，関係ないものはどれか。

(1) 屋内消火栓の同時開口数
(2) ノズルの放水圧力
(3) 消防用ホースの損失水頭
(4) 水槽の有効容量

解説

水槽の大きさは，屋内消火栓ポンプの仕様（性能）とは関係ありません。

解答 (4)

ガス設備

1 ガスの種類

ガスは，次の種類に分類されます。

①液化石油ガス（LPG）

プロパン，プロピレン，ブタンなどを主成分とした，加圧して液化されたガスです。常温・常圧では気体ですが，圧力を加えたり，冷却したりすると容易に液化します。空気より重いので，低い所に停滞しやすいガスです。

LPガス

液化石油ガスの規格は，プロパンおよびプロピレンの含有率により「い号」，「ろ号」「は号」に区分されます。「い号」がプロパン，プロピレンの含有率がもっとも高く，次に「ろ号」，「は号」の順です。実際に流通しているものの多くは「い号」です。

②液化天然ガス（LNG）

メタンを主成分とする天然ガスを冷却して液化したガスです。常温・常圧で気化した状態の液化天然ガスの比重は，同じ状態の液化天然ガスの比重より小さくなります。一般に空気より軽いので，天井に滞留しやすいガスです。

都市ガスの供給圧力は次のように区分されています。

供給方式	供給圧力
低圧	0.1MPa未満
中圧	0.1MPa以上1MPa未満
高圧	1MPa以上

2 ガスの供給

①液化石油ガスの供給

一般家庭向け供給方式には，一戸建て向けの戸別供給方式と共同住宅向けの集団供給方式があります。

バルク供給方式は，一般に，工場，集合住宅など，大規模な需要家に用いられます。液化石油ガスは，調整器により2.8kPa程度に減圧されて供給されます。

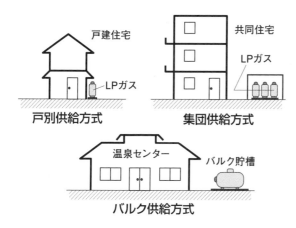

なお，ガスの充塡容器については，次の基準があります。

- 充塡容器は，10kg，20kg，50kgなど。
- 20L以上の充塡容器（10kg以上は該当）は，原則として屋外に置く。
- 充塡容器は，常に40℃以下に保たれる場所に設ける。

②液化天然ガスの供給

一般に，ガスタンクから配管により供給されます。なお，都市ガスとは液化天然ガスをはじめとする各種ガスを混合し，主に都市地域へ供給するものをいいます。

液化石油ガス
LPG：Liquefied
Petroleum Gas

プロパンなど
プロパン（C_3H_8）
プロピレン（C_3H_6）
メタン（CH_4）
いずれも炭素と水素からできています。

液化天然ガス
LNG：Liquefied
Natural Gas

バルク供給方式
バルクローリ車からバルク貯槽に，液化石油ガスを直接ホースで充塡する方式です。なお，バルクには「巨大な体積」という意味があります。

調整器
ガスの圧力を調整（減圧）する装置です。

充塡容器のkg
満充塡したときのLPGの重量です。容器重量を含みません。

バルク貯槽
貯蔵能力1,000kg未満は，外面から2m以内にある火気を遮る装置を講じ，屋外に設置します。

4

消火・ガス・浄化槽

3 ガス機器

　開放式ガス機器は，燃焼空気を室内から取り，燃焼排ガスも室内に放出します。密閉式ガス機器は，燃焼空気を直接屋外から取り，燃焼排ガスも直接屋外に排出する機器です。強制給排気式（FF式）と自然給排気式（BF式）があります。半密閉式ガス機器は，燃焼用の空気を屋内から取り入れ，燃焼排ガスを排気筒で屋外に排出する機器です。

　なお，防火区画を貫通するガス湯沸器の排気筒に**防火ダンパー**を設けると，燃焼や排気の妨げとなるので危険です。

4 ガス漏れ警報器

　ガス漏れ警報器の有効期限は5年です。ガス漏れ警報器の設置高さは，ガスが空気より重いか軽いかにより異なります。**液化石油ガスは空気より重い**ので，ガス機器から水平距離が4m以内で，かつ，床面から30cm以内の位置に設置します。

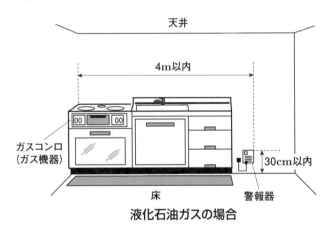

液化石油ガスの場合

　液化天然ガスは空気より軽いので，ガス機器から水平距離が8m以内で，かつ，天井面から30cm以内の位置に設置します。

　「ガス事業法」による特定ガス用品の基準に適合している器具には，**PS**マークが表示されます。

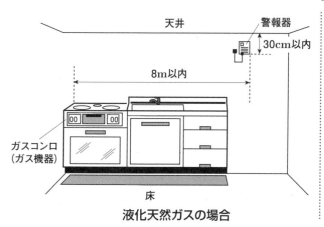

天井　　　警報器

30cm以内

8m以内

ガスコンロ
（ガス機器）

床

液化天然ガスの場合

補足

開放式ガス機器
ガス供給用のゴムホースに接続されたガス機器で，室内での位置を多少移動することができます。

換気口　換気口

4

消火・ガス・浄化槽

過去問にチャレンジ！

問1　　　難　中　易

　液化石油ガス（LPG）設備に関する記述のうち，適当でないものはどれか。

(1) 液化石油ガスの一般家庭向け供給方式には，戸別供給方式と集団供給方式がある。

(2) 液化石油ガスのバルク供給方式は，工場や集合住宅などに用いられる。

(3) 液化石油ガス用のガス漏れ警報器の取付け高さは，床面から30cm以内としなければならない。

(4) 液化石油ガスの代表的な充填容器には，30kgおよび60kg容器がある。

解説

充填容器は，10kg，20kgおよび50kgです。

解答　(4)

浄化槽

1 処理方法

汚水の処理方法には，次の2つがあります。

①生物膜法

接触材（ろ材）の表面に微生物を付着・生成させて膜を作ります。この膜を生物膜といい，汚水中の有機物を吸着，分解します。

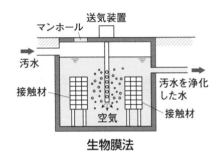

生物膜法

②活性汚泥法

汚水に空気を吹き込んだとき，好気性微生物が有機物を分解してできた固形物の集まり（フロック）を沈殿させ，上澄み液を消毒し放流します。

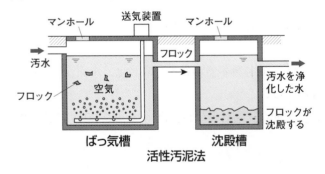

活性汚泥法

2 処理のフロー

生物膜法の1つである接触ばっ気方式（処理人員30人以下）は，次のような手順で行われます。

流入 → ろ過槽 → ばっ気槽 → 沈殿槽 → 消毒槽 → 流出
　　　　　↓ 汚泥　　↓ 汚泥

3 浄化槽の工事

　浄化槽工事業を営む者は，都道府県知事の登録を受けます。FRP製浄化槽の工事は，次の点に留意します。

- 砂利地業は，根切り底に切込砕石などを所要の厚さに敷きならして締め固める。
- 掘削深度が深すぎた場合，捨てコンクリートで深さを調整する。
- 浄化槽本体の水平の微調整はライナーなどで行い，微調整後，槽とコンクリートのすき間が大きいときは，すき間をモルタルで充塡する。
- 流入管と槽本体の接続は，本体据付け後，水を張って本体が安定してから行う（水張り前に行わない）。
- 埋戻しは，土圧による本体および内部設備の変形を防止するため，槽に水張りした状態で行う。
- 流入管底が低い場合，槽本体の開口部を立ち上げる「かさ上げ工事」は，かさ上げの高さが30cm以内のときに採用する。

4 検査

　水張りは，浄化槽本体が水平に設置されているか，漏水がないかを確認するため必ず行います。

　漏水検査は，浄化槽を満水にして，24時間以上漏水しないことを確認します。

補足

好気性微生物
酸素を必要とする微生物です。これに対し，嫌気性微生物とは，酸素を必要としないで生育するもの，または酸素があると成長できない微生物です。

ばっ気
水中に空気（酸素）を送り，微生物の増殖を活発にさせることです。エアレーションともいいます。

接触ばっ気方式
生物膜にばっ気した汚水を接触させ，処理します。

FRP
強化プラスチック製です。

根切り底
穴を掘って平らにした底の部分です。

ライナー
水平となるようにすき間を埋める部材です。

浄化槽の容量を算定するために処理対象人員算定基準があります。主な建物用途と算定方法は次の表のとおりです。

建物用途	処理対象人員の算定
戸建て住宅	5人または7人（延べ面積による）
事務所	延べ面積に係数を掛ける
劇場，映画館など	延べ面積に係数を掛ける
保育所，幼稚園，学校	定員に係数を掛ける
公衆便所	総便器数に係数を掛ける

過去問にチャレンジ！

問1　　　　　　　　　難 中 易

FRP製浄化槽の施工に関する記述のうち，適当でないものはどれか。

(1) 砂利地業は，根切り底に切込砕石などを所要の厚さに敷きならして締め固め，締固めによるくぼみなどには，砂，切込砕石などを用い表面を平らにする。

(2) 埋戻しは，土圧による本体および内部設備の変形を防止するため，槽に水張りした状態で行う。

(3) 流入管底が低い場合，槽本体の開口部を立ち上げる「かさ上げ工事」は，かさ上げの高さが30cm以内のときに採用する。

(4) 流入管と槽本体の接続は，本体据付け後，水張り前に行う。

解 説

　流入管と槽本体の接続は，本体据付け後，水を張って本体が安定してから行います。水張り前に行うと，水張り後に浄化槽の重量が増し，管と本体の接合部に荷重がかかり，破損のおそれがあります。

解 答　(4)

第4章

設備機器 など

1 機材 ･･････････････････････････ 138

2 配管・ダクト ･･････････････････ 148

3 設計図書 ･･････････････････････ 160

機材

- [ ] 冷凍機

種類	特徴
圧縮式冷凍機	往復動式，回転式，遠心式があり，冷媒ガスを圧縮冷却
吸収式冷凍機	水を冷媒とし，水蒸気は臭化リチウムで吸収

- [ ] 冷却塔
  - 開放式（向流形，直交流形）
  - 密閉式

- [ ] ボイラ
  - 小型貫流ボイラ
  - 鋳鉄製ボイラ
  - 炉筒煙管ボイラ

- [ ] 飲料用タンク
  - 六面点検
  - 床，壁面から60cm以上離す
  - 直径60cm以上のマンホールを設置
  - オーバーフロー管，通気管には防虫金網を設置
  - 底部に $\dfrac{1}{100}$ 程度の勾配をつけ，ピットを設置
  - オーバーフロー管の管端，通気管には防虫金網を設置
  - オーバーフロー管の排水口空間は15cm以上

- [ ] 送風機
  遠心送風機（多翼送風機など）　　軸流送風機

- [ ] ポンプ
  渦巻きポンプ　　　ディフューザポンプ

機器

1 冷凍機

冷凍機の種類は次のとおりです。

①圧縮式冷凍機

冷媒ガスを圧縮冷却して液化し，これを蒸発させて周囲から熱を奪う冷凍機です。

下図は冷媒の比エンタルピーh〔kJ/kg〕と圧力P〔Pa〕の関係を表したものです。

● Aをスタートと考えると，冷媒（気体）を圧縮することにより比エンタルピーが増え，圧力も高くなります。（A→B：圧縮過程）

● 冷媒は圧力一定のまま温度を下げると，気体から液体に変わります。熱を外へ放出するので，比エンタルピーは減ります。（B→C：凝縮過程）

● 冷媒（液体）を膨張弁（絞り弁の一種）で減圧します。（C→D：膨張過程）

● 減圧された液体は気体になりやすく，外部の熱を吸い取り，蒸発します。（D→A：蒸発過程）

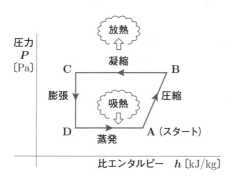

圧縮式冷凍機
圧縮機（コンプレッサー）を用いて，冷媒を圧縮します。

冷媒ガス
冷媒は熱の移動を媒介するもので，ガスは気体です。

比エンタルピー
冷媒がもっている内部エネルギー（熱量エネルギーと力学的エネルギーの和）と，外部にする仕事（圧力×体積）の総和をエンタルピー〔kJ〕といい，単位質量当たりのエンタルピーを，比エンタルピー〔kJ/kg〕といいます。

往復動圧縮機を用いた往復動式や，回転運動により冷媒ガスを圧縮する回転式，遠心力で圧縮する遠心式があります。

②吸収式冷凍機

　水を冷媒とし，この水を蒸発させ，蒸発熱による温度低下によって冷却します。蒸発した水蒸気を臭化リチウムで吸収します。

　吸収式冷温水機は，冷水と温水を発生できる装置で，冷凍機としてだけでなく，ボイラの代わりにもなります。一台二役なので設置場所をとらず，中規模以下の建物で多く用いられています。

　機器内の圧力は大気圧以下であり，「ボイラー及び圧力容器安全規則」の適用を受けません。したがって，取扱いにボイラー技士資格が不要です。

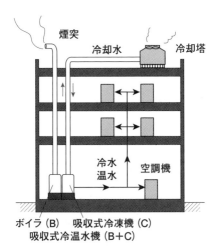

圧縮式と吸収式の一般的な比較は，表のとおりです。

	圧縮式冷凍機		吸収式冷凍機	
機内圧力	高い	×	低い	○
冷却塔	小さい	○	大きい	×
消費電力	大きい	×	小さい	○
立上り時間	短い	○	長い	×

　※○：優れている　×：劣っている

2 冷却塔（クーリングタワー）

圧縮式冷凍機の熱くなった冷却水を冷やす装置が冷却塔です。冷凍機の凝縮器で冷媒から熱を奪った冷却水（温度が高くなっている）を水滴状にして落下させ，その一部が蒸発することで，その気化熱により温度を低下させます。主に冷却水の蒸発潜熱を利用し，冷却水の温度を下げます。

また，冷却塔のスケール障害対策として，定期的に水をブローします。

①開放式冷却塔

排気用のファンを用いた開放式冷却塔は，冷却効率がよく，設置スペースが小さくて済むので，各種建物で使用されています。配管系統が大気に開放されており，向流形（カウンタフロー形）と直交流形（クロスフロー形）があります。

向流形には丸型が多く，据付け面積は小さいが高さがあります。

直交流形には角型が多く，据付け面積は大きいものの，高さは低くなります。

補足

往復動式
シリンダー内のピストンを往復動させて，冷媒ガスを圧縮します。レシプロ式冷凍機ともいいます。

吸収式冷凍機
冷媒は水であり，臭化リチウムではありません。臭化リチウムは吸収液であることに留意しましょう。冷房時にもガス等を燃焼させる必要があります。振動は小さいので防振基礎は不要です。

ボイラ
一般に，労働安全衛生法の適用を受ける，加熱能力の大きいものをいいます。適用を受けないものは温水器といいます。

スケール
冷却塔の循環水の中で沈殿物となったもので，ほとんどが炭酸カルシウムです。

ブロー
スケールを含んだ水を排水し，新鮮な水を補給することです。

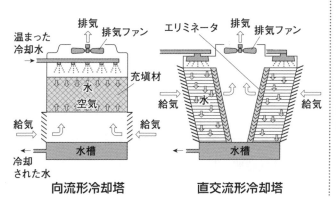

向流形冷却塔　　　　直交流形冷却塔

②密閉式冷却塔

冷却水をコイルに通して冷却します。配管系統が大気に開放されておらず，密閉構造です。

冷却水の汚染，空調機器内のコイル，配管内の腐食やスケールなどを防げますが，据付け面積は開放式の3〜4倍となります。

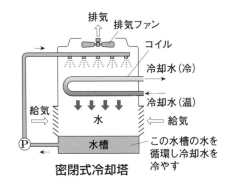

密閉式冷却塔

---

3 ボイラ

ガス，灯油，電気などで水を加熱し，蒸気や温水を発生させる装置をいいます。主なものは次のとおりです。

①小型貫流ボイラ

缶体はなく，長い水管に水が貫流する間に燃焼ガスにより加熱するものです。保有水量が少なく始動時間が非常に短いものの，高度な水処理を要します。

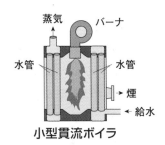

小型貫流ボイラ

②鋳鉄製ボイラ

缶体は鋳鉄製のセクション（薄い箱型の部材）を5〜20枚程度重ねたもので，分割搬入が可能です。温水を発生させる鋳鉄製ボイラの最高使用圧力は0.5MPaです。

③炉筒煙管ボイラ

缶体は円筒を横にした形で，その中に炉筒の燃焼室と燃焼ガスの通る複数の煙管があります。保有水量が多いので予熱時間が長くなります。

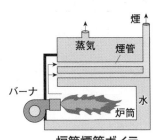

炉筒煙管ボイラ

4 飲料用タンク

受水槽や高置水槽などの飲料用タンクは，次の点に留意します。

- 受水槽の容量は，1日の使用水量の約$\frac{1}{2}$がよい。

  タンクが大きすぎると，たまり水の状態が長くなり，残留塩素濃度が低下するので危険。
- 六面点検ができるようにする。一般にタンクは直方体なので，すべての面が目視できるように，底部も地面や床から60cm以上上げて設置する（建築物のほかの部分と兼用しない）。
- 保守点検用に直径60cm以上のマンホールを設ける。
- タンク底部には水抜きのため$\frac{1}{100}$程度の勾配をつけ，ピットを設ける。
- オーバーフロー管の管端，通気管の管端には防虫金網を設ける。
- オーバーフロー管の排水口空間は，15cm以上とする。
- 飲料用給水タンクの上部には，汚染のおそれのある排水管などを通さない。

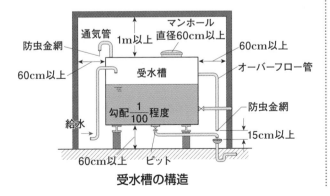

受水槽の構造

5 制御

水量や温度などを制御（コントロール）するとき用いる機器は，表のとおりです。

制御対象	使用機器
冷温水コイルの水量	電動二方弁，電動三方弁
高置タンクの水位	電極棒
居室の温度	サーモスタット
居室の湿度	ヒューミディスタット
汚物排水タンクのポンプの発停	フロートスイッチ

過去問にチャレンジ！

問1　　　　　　　　　　　　　難　中　易

自動制御における制御対象と機器の組合せのうち，関係のないものはどれか。

	（制御対象）	（機器）
(1)	汚物排水タンクのポンプの発停	ボールタップ
(2)	居室の湿度	ヒューミディスタット
(3)	ファンコイルユニットのコイルの冷温水量	電動二方弁
(4)	高置タンクの水位	電極棒

解　説

汚物排水タンクのポンプの発停には，フロートスイッチを使用します。

解　答　(1)

送風機・ポンプ

1 送風機の種類

送風機（ファン）の主なものは次のとおりです。

①遠心送風機

遠心式は，空気が羽根車の軸方向から入り，半径方向に出ます。

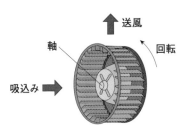

遠心送風機の代表的なものが**多翼送風機**です。多翼送風機は，通称**シロッコファン**とも呼ばれ，多数の前向き羽根を備えており，空調や換気用として広く使用されています。

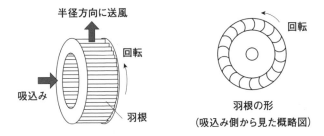

羽根の形
（吸込み側から見た概略図）

②軸流送風機

空気が軸方向から入り，そのまま直進するのが軸流

補足

電動二方弁
モータで駆動する２方向の弁です。

電動三方弁
モータで駆動する３方向の弁です。下図①と②の流量を調節し，③に流出させます。

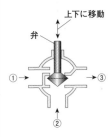

電極棒
水槽内の水位制御を行うための，細長い棒状の導体です。

フロートスイッチ
水面に浮かんだ浮子（フロート）で，水の出入りの制御を行うスイッチです。

シロッコファン
アフリカから南ヨーロッパに吹く風をシロッコといい，商品名にもなっています。

送風機です。

　遠心送風機に比べ，構造的に高速回転が可能で，低圧力・大風量を扱うのに適しています。風量を増やすと，圧力は著しく下がります。

　換気扇は，軸流式の一つであるプロペラ形が多用されます。

2　ポンプの種類

　建物で一般に使用されるポンプは遠心式で，電動機（モータ）で羽根車を駆動し，遠心力で圧力と速度を与えて液体（水）を高いところに揚げます。

　遠心ポンプには，次のものがあります。

①渦巻きポンプ

　羽根車の回転のみで水を押し出します。ディフューザポンプに比べ，構造が簡単でケーシングも小さくなります。

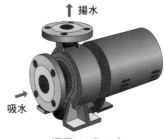

渦巻きポンプ

②ディフューザポンプ（タービンポンプ）

　羽根車のほかに流路を変える室内羽根が付いており，高圧力を必要とする消火栓ポンプや給水ポンプに利用されます。

3　ポンプの特性

①2台運転時の特性

　同一の配管系において，同じ能力のポンプを直列運転して得られる揚程は，ポンプを単独運転した場合の揚程の2倍よりも少なくなります。

1
機材

また，並列運転した場合の揚水量は，単独運転した場合の揚水量の2倍より少なくなります。

②回転速度との関係

ポンプの回転速度をNとすると，次の関係が成り立ちます。

$$Q \propto N \qquad H \propto N^2 \qquad W \propto N^3$$

Q：吐出し量（流量）　　H：揚程　　W：軸動力
（※∝は比例を示す記号）

吐出し量は，吐出し側に設けた調整弁の抵抗により調整します。羽根車の回転速度に比例します。

補足

羽根車
何枚かの羽根を，円周上に並べたものをいいます。

揚程
ポンプが押し上げることができる高さです。

揚水量
高所に水を上げることができる量をいいます。

軸動力
ポンプを回転させるために必要な動力です。

過去問にチャレンジ！

問1　　　　難　中　易

送風機に関する記述のうち，適当でないものはどれか。

(1) 軸流送風機は，低圧力，大風量に適した送風機である。
(2) 軸流送風機は，風量の変化に対し，圧力の変化が小さい送風機である。
(3) 多翼送風機は，通称シロッコファンとも呼ばれ，多数の前向き羽根を備えている。
(4) 多翼送風機は，空調用として広く使用されている。

解　説

軸流送風機は，風量を増やすと圧力が著しく下がります。

解　答 (2)

2 配管・ダクト

まとめ & 丸暗記　　この節の学習内容とまとめ

☐ 配管種類

管の名称	記号	備考
配管用炭素鋼鋼管	SGP	白ガス管，黒ガス管
水道用硬質塩化ビニルライニング鋼管	SGP-V	VA，VB，VD
水道用ポリエチレン粉体ライニング鋼管	SGP-P	PA，PB，PD
銅管	CP	K>L>M
硬質ポリ塩化ビニル管	VP　など	VP>VM>VU

☐ **止水栓の種類**
　仕切弁　　玉形弁　　バタフライ弁　　ボール弁

☐ **逆止弁の種類**
　スイング式　　リフト式

☐ **ダクトの種類**
　● 長方形ダクト
　● 円形ダクト（スパイラルダクト，フレキシブルダクト）

☐ **吹出し口**
　● ノズル形
　　到達距離が長く，講堂や大会議室などの大空間の空調に好適
　● シーリングディフューザ形
　　気流の拡散性に優れ，誘引作用が大きい

☐ **保温材の種類**
　ロックウール　　グラスウール
　硬質ウレタンフォーム　　ポリスチレンフォーム

配管

1 管の種類

①配管用炭素鋼鋼管 (SGP)
(はいかんようたん そ こうこうかん)

　使用圧力の比較的低い蒸気，水（水道用を除く），油，ガスなどの配管に用いられます。めっきを施した白ガス管と施していない黒ガス管があります。

②水道用硬質塩化ビニルライニング鋼管 (SGP-V)
(こうしつえん か)

　配管用炭素鋼鋼管（SGP）の内面や内外面に硬質塩化ビニル管をライニングしたものです。

　強度は鋼管，耐食性は硬質塩化ビニルが受けもち，それぞれの利点を合わせた給水管ですが，塩化ビニルなので熱には弱いため，水道用の配管に使用されます。

　種類は3つあり，いずれも配管内面は硬質塩化ビニルをライニングしますが，外面の処理が異なります。

硬質塩化ビニル
SGP
（配管用炭素鋼鋼管）
1次防錆塗装
(ぼうせい)

SGP-VA管
（一般配管用）

硬質塩化ビニル
SGP
亜鉛めっき

SGP-VB管
（一般配管用）

硬質塩化ビニル
SGP
硬質塩化ビニル管
硬質塩化ビニル

SGP-VD管
（地中配管用）

補足

SGP
Steel Gas Pipeの略。見た目で黒ガス管，白ガス管と称しています。めっき量の規定はありません。

SGP-V
VはVinylの頭文字です。配管内部はビニル管ですが，本体は鋼管です。

ライニング
防食の目的で，金属の表面を合成樹脂などで覆うことをいいます。

外面処理
A，B，Dの3種類で，Cはありません。

VAは外面を1次防錆塗装，VBは亜鉛めっき，VDは硬質塩化ビニル
を施しています。一般的に，SGP-VAは屋内配管，SGP-VBは露出配管，
SGP-VDは地中埋設配管に用いられます。

なお，ライニング鋼管なので，ねじ接続する場合，管端が錆びないよう
に管端防食継手を使用します。

③水道用ポリエチレン粉体ライニング鋼管（SGP-P）

鋼管の内面に，ポリエチレンの粉体を熱融着によりライニングしたもの
です。外面処理の方法により，PA，PB，PDの3種類があります。A，
B，Dの意味は，水道用硬質塩化ビニルライニング鋼管と同じです。

④ステンレス鋼管（SSP）

特に耐食性や強度に優れ，比較的軽量であるため，取扱いは容易です。
しかし，傷が付きやすいので注意が必要です。

⑤銅管（CP）

銅管の肉厚の大きい順（耐圧性の高い順）にK，L，Mの3タイプがあ
り，給水や給湯用としては，主としてMタイプが用いられます。

⑥硬質ポリ塩化ビニル管

熱による伸縮が金属管よりも大きくなります。一般に，給水管，排水管，
通気管として使用されます。

VP，VM，VUの種類があり，肉厚の大きい順にVP＞VM＞VUとな
ります。VU管は，VP管に比べて肉厚が薄い（小さい）ので耐圧性も低
く，圧力のかからない排水管，通気管に使われます。

⑦耐衝撃性硬質ポリ塩化ビニル管（HIVP）

耐衝撃強度を高めた管で，地中埋設などで荷重や衝撃が加わる場所に使
用されます。

⑧鋳鉄管（ちゅうてつ）

主に排水用としては，ねずみ鋳鉄製が使用され，水道用としてはダクタイル鋳鉄製のものが使用されます。

2 止水栓

給水の開始，中止および装置の修理その他の目的で給水を制限または停止するために使用する給水用具です。種類は次のとおりです。

①仕切弁

流体の通路を垂直に遮断する構造で，全開，全閉の状態で使用します。全開時には流体の圧力損失が小さい弁です。

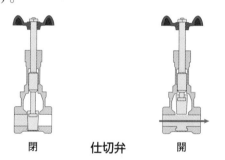

閉　　　**仕切弁**　　　開

②玉形弁

リフトが小さいので開閉時間が短く，半開でも使用することができますが，圧力損失は大きい弁です。

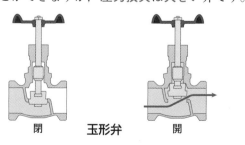

閉　　　**玉形弁**　　　開

補足

ステンレス鋼管
一般配管用ステンレス鋼管の径は，○○Suと表示し，配管用ステンレス鋼管の径は，○○Aと表示します。それぞれJIS規格が異なります。

硬質ポリ塩化ビニル管
JISの名称ですが，一般には，硬質塩化ビニル管と呼ばれます。過去の試験では，ポリの有無の両方が出題されています。

ねずみ鋳鉄
一般的な鋳鉄で，破断面がねずみ色なのでこのように呼ばれています。

ダクタイル鋳鉄製
ねずみ鋳鉄より，強度，伸びを高めた鋳鉄です。

圧力損失
流れが円滑でないために生じる，水の圧力の損失です。

リフト
開閉時に上下する軸棒で，開と閉の距離をリフト量といいます。

③バタフライ弁

　蝶の羽のような平らな弁体をもち，開閉操作も比較的速く，圧力損失の小さい弁です。仕切弁や玉形弁に比べて取付けのスペースが小さくて済みます。

④ボール弁

　弁体は球体のため，90度回転で全開または全閉する構造です。

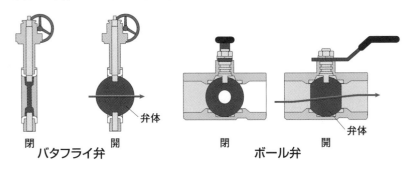

閉　バタフライ弁　開　　　　閉　　ボール弁　　開

3　逆止め弁

　逆方向からの水の流れを止める弁を逆止め弁（チャッキ弁）といいます。主なものは次のとおりです。

①スイング式

　弁体がヒンジ式（ちょうつがい式）に取り付けられ，通水時に弁座から押し上げ，逆方向からは弁座に密着して流れない構造です。水平，垂直（上向き）のいずれにも取り付けられます。

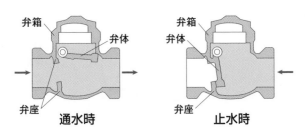

通水時　　　　　止水時

②リフト式

弁体が弁座に対して垂直に移動します。

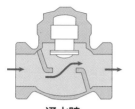

通水時　　　　　　　　止水時

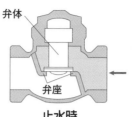

補足

弁体
弁の本体です。

弁座
弁体を受ける部分です。シートともいいます。

過去問にチャレンジ！

問1　　　　　　　　　　　　　　　難　中　易

配管材料に関する記述のうち，適当でないものはどれか。

(1) 銅管には肉厚によりK，L，Mの3タイプがあり，給水や給湯用としては，主としてKタイプが用いられる。

(2) SGP-VDは，配管用炭素鋼鋼管（黒ガス管）の内外面に硬質塩化ビニル管をライニングしたもので，地中埋設配管などに用いられる。

(3) 硬質ポリ塩化ビニル管のVU管は，排水，通気などに用いられる管で，VP管に比べて耐圧性が低い。

(4) 配管用炭素鋼鋼管は，使用圧力の比較的低い蒸気，水（上水道用を除く），油，ガスなどの配管に用いられる。

解 説

銅管は，給水や給湯用としては，もっとも肉厚の薄いMタイプが主に用いられます。肉厚のあるK，Lは医療用配管などに使用されます。

解 答　(1)

ダクト

1 ダクトの種類

　空気を流通させるための密閉構造の流路をダクトといいます。一般には亜鉛鉄板で作ります。ダクトの断面には，長方形と円形があります。同一の材料，断面積，風量の場合，円形ダクトのほうが長方形ダクトより摩擦損失が小さくなります。

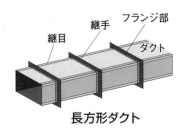

長方形ダクト

　長方形ダクトの空気の漏えい量を少なくするため，フランジ部，はぜ部などにシールを施します。長方形ダクトの板厚は，一般に長辺の寸法を基準に決め長辺と短辺は同じ長さとします。また，防火区画と防火ダンパーの間のダクトは，厚さ1.5mm以上の鋼板製とします。

①スパイラルダクト
　帯状の鋼板を螺旋状に甲はぜ機械掛けした円形のダクトです。甲はぜは補強の役目も担っているので，ほかにダクトの補強は必要ありません。現場において任意の長さに切断して使用することができ，接続には，差込継手またはフランジ継手を使用します。

スパイラルダクト

②フレキシブルダクト

　可とう性がある円形のダクトです。アルミニウム製とグラスウール製があり，ダクトと吹出口との接続用として用いられます。アルミニウム製のものは結露しやすいので保温材を施す必要があります。

2 ダクトの摩擦損失

　長方形ダクトの長辺と短辺の比をアスペクト比といいます。同一断面積で比較すると，アスペクト比が小さいほど摩擦損失は小さくなるので，4以下になるようにダクトを設計します。ダクトの摩擦損失は空気の圧力損失となります。

　ダクト内の風速を速くすると，圧力損失や騒音が大きくなります。特にダクトの曲がり部では，それが無視できないため，曲がり部に**案内羽根**（案内羽根付エルボ）を入れ，乱流による圧力損失を減少させます。案内羽根には，エネルギーの無駄を省き，騒音を低減する効果があります。

　エルボ（曲管部）の圧力損失は，曲率半径が大きいほど小さくなるので，内側半径は，ダクト幅の $\frac{1}{2}$ 以上

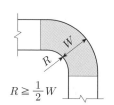

$R \geqq \frac{1}{2}W$

R：曲がり部の内側半径
W：円形ダクトの直径

曲がり部の内側半径

案内羽根

案内羽根の設置場所

補足

2 配管・ダクト

亜鉛鉄板
鉄板表面を亜鉛めっきしたトタン板のこと。

はぜ
2枚の鉄板を折り曲げて接続した部分です。

差込継手
ダクトに差し込んで使用する継手です。

スパイラルダクト
継手

フランジ継手

管
フランジ　ガスケット（パッキン）

アスペクト比
長方形ダクトの横：縦をいいます。

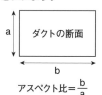

a　ダクトの断面
b

アスペクト比 $= \frac{b}{a}$

案内羽根
空気の流れを円滑にするための羽根です。ガイドベーンともいいます。

とし，それ未満の場合は案内羽根などを入れて局部抵抗の減少を図ります。この場合，ダクトと案内羽根の厚さは同じにします。

ダクトを拡大または縮小する場合，拡大したほうが摩擦損失は大きくなります。拡大は15度以下，縮小は30度以下とします。

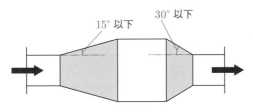

3 ダンパー

ダクト内の空気の流れを調節するために可動する板のことをダンパーといいます。ダンパーには次のものがあります。

名称	記号	目的
風量調節ダンパー	VD	風量を調節
自動風量調節ダンパー	MD	モータで風量を調節
防火ダンパー	FD	火を遮断
防煙ダンパー	SD	煙を遮断
逆流防止ダンパー	CD	逆流を防止

一般にダンパーといえば，ダクトごとの風量バランスをとるため，主要な分岐ダクトに設ける，風量調節ダンパー（VD）のことをいいます。

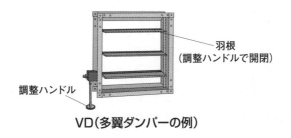

VD（多翼ダンパーの例）

4 吹出し口の種類

吹出し口は，空調空気を室内に吹き出す機器です。

①ノズル形

筒状の吹出し口です。発生騒音が比較的小さく，吹出し風速を大きくすることができるので，空調空気の到達距離が長く，講堂や大会議室など大空間の空調に適しています。

空調空気

②シーリングディフューザ形

数枚の羽根を重ねた形で，気流は四方八方に広がり，気流の拡散性に優れています。このため吹出し風速を小さくすることができます。また，誘引作用が非常に大きく，気流分布に優れています。

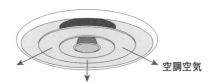

空調空気

5 騒音と振動

ダクト内を空気が流通する音，ダンパーの操作音などは小さくする必要があり，防止する機器には，次のようなものがあります。

①ダイヤモンドブレーキ，リブ

ダイヤモンドブレーキやリブを，ダクトの板振動を防止するために設けます。平板のダクトは，空気の圧

補足

ダンパー
ダクトの途中に設け，流量調節や開閉を行う装置です。

シーリングディフューザ形
シーリングは天井，ディフューザは拡散の意味です。米国メーカのアネモ社に由来し，アネモスタット形とも呼ばれています。

誘引作用
吹出し口からの空気が，周囲の空気を巻き込んで，風量を増すことをいいます。

ダイヤモンドブレーキ
ダクトの鋼板表面に設けた，×印の突起です。

リブ
ダクトの鋼板表面に平行に設けた突起です。

2 配管・ダクト

力変動により波打ち，振動やその際の騒音が発生しやすいが，凹凸を付けると強度が増して防止できます。

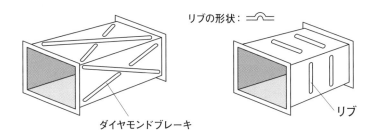

②たわみ継手

　たわみ継手は，送風機などからの振動がダクトに伝わることを防止するために使用します。

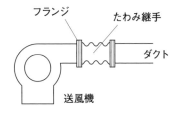

6　保温材

　保温材は，配管やダクトの保温（断熱）に用いるもので，用途によって次のものがあります。

①ロックウール

　石灰，ケイ酸を主成分とする耐熱性の高い鉱物を溶解し，繊維化したものです。許容温度上限値はもっとも高く約600℃です。耐火性に優れ，防火区画貫通部などにも使用されます。

②グラスウール

　ガラスを溶かして繊維化したもので，使用最高温度は約350℃です。

③硬質ウレタンフォーム

硬質ウレタンを成形したもので，使用最高温度は約100℃です。

④ポリスチレンフォーム

ポリスチレンを成形したもので，使用最高温度は約70℃です。使用最高温度が低いので熱に弱く，蒸気管などには使用できません。主に保冷や防露用です。

なお，ロックウール保温材，グラスウール保温材の種類は，保温材の密度によって区分されています。

補足

たわみ継手
キャンバス継手ともいいます。

使用最高温度
材料の性能を損なうことなく使用できる，最高の温度です。

2
配管・ダクト

過去問にチャレンジ！

問1　　　　　　　　　　　　難　**中**　易

ダクトおよびダクト付属品に関する記述のうち，適当でないものはどれか。

(1) シーリングディフューザ形吹出し口は，気流分布が優れた吹出し口である。
(2) 角形エルボに案内羽根（ガイドベーン）を入れると，圧力損失および騒音値を減らすことができる。
(3) 亜鉛鉄板製の長方形ダクトと円形ダクトは，風量，断面積が同一であれば，摩擦損失も同じである。
(4) 長方形ダクトの空気の漏えい量を少なくするためには，フランジ部，はぜ部などにシールを施す。

解 説

摩擦損失は，長方形ダクトより円形ダクトのほうが小さくなります。

解 答　(3)

3 設計図書

まとめ & 丸暗記　この節の学習内容とまとめ

☐ 設計図書
図面，仕様書（建築基準法）
図面，仕様書，現場説明書，質問回答書（公共工事標準請負契約約款）

☐ 機器仕様の記載事項
- ●ポンプ：揚程
- ●送風機：呼び番号
- ●エアフィルター：初期抵抗

☐ 公共工事標準請負契約約款
国や地方公共団体などで発注する工事の契約書に使用
- ●受注者（請負者）は，請負代金内訳書および工程表を作成し，発注者に提出
- ●特別の定めがない仮設，工法などは，受注者（請負者）が定める
- ●受注者（請負者）は，工事目的物などを，火災保険，建設工事保険に付す
- ●設計図書に品質が明示されていない場合，中等の品質を使用

☐ 発注者が作成する書類の優先順位

順位	書類
1	質問回答書
2	現場説明書
3	特記仕様書
4	図面
5	標準仕様書

機器の仕様

1 設計図書とは

　建築基準法によれば，設計図書とは，図面および仕様書です。後述する公共工事標準請負契約約款によると，さらに現場説明書，質問回答書が追加されます。

公共工事標準請負契約約款
163ページ参照。

2 機器仕様の記載

　設計図書（一般には仕様書）の中には，工事で使用する機器の性能などを記載する必要があります。

　機器と主な仕様項目は次のとおりです。

機器	仕様
吸収式冷凍機	形式，冷凍能力，冷水量，冷却水量，冷水出入口温度，冷却水出入口温度，電動機出力および電源種別
冷却塔	冷却塔の形式，冷却能力，冷却水量，冷却水出入口温度，外気湿球温度，電源の種別，許容騒音値，電動機出力および電源種別
ファンコイルユニット	形式（型番），加熱冷却容量，冷温水出入口温度，電動機出力および電源種別
ユニット形空気調和機	形式（型番），冷却能力，加熱能力，風量，機外静圧，コイル通過風速，コイル列数，水量，冷水入口温度，温水入口温度，コイル出入口空気温度，加湿器形式，有効加湿量，電動機の電源種別，電動機出力および電源種別

ボイラ	定格出力，燃料の種類，使用圧力，バーナ形式，電動機出力および電源種別
ポンプ	形式，口径，水量，揚程，電動機出力および電源種別
送風機	形式，呼び番号，風量，全圧（静圧），防振材の種類，電動機出力および電源種別
エアフィルター	形式，流量，初期抵抗および捕集効率

過去問にチャレンジ！

問1　　　　　　　　　　　　　　　　　　　難　中　易

　設計図書に記載される機器の種類とその仕様として記載する項目の組合せのうち，関係のないものはどれか。

　　（機器の種類）　　　　　　　（記載する項目）
(1) ユニット形空気調和機　　　有効加湿量
(2) ファンコイルユニット　　　型番
(3) 遠心ポンプ　　　　　　　　呼び番号
(4) 遠心送風機　　　　　　　　防振材の種類

解 説

呼び番号は，送風機の仕様です。

解 答　(3)

公共工事の約款

1 公共工事標準請負契約約款

公共工事標準請負契約約款は，国や地方公共団体などで発注する工事の契約書に使われています。

約款からの抜粋は，次のとおりです。

- 受注者（請負者）は，請負代金内訳書および工程表を作成し，発注者に提出する。
- 特別の定めがない仮設，工法などは，受注者が定めることができる。
- 受注者は，工事目的物および工事材料などを，火災保険，建設工事保険などに付さなければならない。
- 工事材料の品質については，設計図書に定めるところによる。設計図書に工事材料の品質が明示されていない場合にあっては，中等の品質を有するものとする。

受注者
請負者という名称が，公共工事標準請負契約約款では，受注者ということばに統一されました。

2 設計図書と優先順位

公共工事標準請負契約約款によれば，設計図書とは次のものをいいます。

- 図面
- 仕様書（特記仕様書，標準仕様書）
- 現場説明書

どのような現場であるかを説明した資料で，発注者が開く現場説明会（入札に向けての説明会）などにおいて配布されます。

特記仕様書
工事を行ううえで，特に定めた基準です。

標準仕様書
工事を行ううえでの，標準的な基準です。

● 質問回答書

入札予定者からの質問に対して，発注者が回答する書類です。

質問回答書の内容は，質問した会社だけでなく，全社に回答されます。

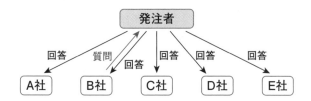

設計図書間の相異は，施工するうえで混乱を招きます。そのため，発注者が作成する書類の優先順位が決められています。設計図書の一般的な優先順位は次のとおりです。

順位	書類
1	質問回答書
2	現場説明書
3	特記仕様書
4	図面
5	標準仕様書

過去問にチャレンジ！

問1   難　中　易

次のうち，「公共工事標準請負契約約款」上，設計図書に含まれないものはどれか。

(1) 設計図面
(2) 現場説明に対する質問回答書
(3) 請負代金内訳書
(4) 仕様書

解 説

設計図書は，発注者（設計者）が作成するもので，受注者（施工者）が作成するものは含まれません。請負代金内訳書は施工者が作成するので，設計図書ではありません。

解 答 (3)

第5章

施工管理法

1 施工計画 ・・・・・・・・・・・・・・・・・・・・ 166
2 工程管理 ・・・・・・・・・・・・・・・・・・・・ 174
3 品質管理 ・・・・・・・・・・・・・・・・・・・・ 184
4 安全管理 ・・・・・・・・・・・・・・・・・・・・ 192
5 工事施工① ・・・・・・・・・・・・・・・・・・ 198
6 工事施工② ・・・・・・・・・・・・・・・・・・ 206

施工計画

□ 施工計画書
- 工事の計画を書類にしたもの
- 請負者の責任において作成
- 発注者に提出して承諾を得る

□ 施工計画の作成手順
設計図書の内容の理解→現地調査→施工計画書の作成

□ 図書類と作成者

図書類	内容	作成者
設計図	工事の基になる図面	設計者
特記仕様書	工事の基になる書類	設計者
施工計画書	施工の計画の書類	施工者
施工図	施工の際の図面	施工者
工程表	施工の予定表と実績表	施工者
作業標準書	作業の基準となる書類	施工者
製作図	工場製作用の図面	施工者

□ 提出書類

件名	届出先
消防用設備等設置	消防長または消防署長
少量危険物取扱い	消防署長
危険物貯蔵所設置	都道府県知事または市町村長
道路使用	警察署長
道路占用	道路管理者

施工計画書

1 施工計画書とは

どのような計画で工事を行うかを書類にしたものが施工計画書です。請負者の責任において作成し，発注者に提出して承諾を得ます。

公共工事では，施工計画書を作成したら監督職員（監督員）に提出し，承諾を得ます。工事の過程において，当初の計画に変更が生じた場合も，監督職員の承諾が必要になります。

施工計画書作成にあたり，まずは設計図書に目を通し，内容を理解したうえで，現地調査を行います。それを基に，使用資材や搬入方法，施工方法，安全管理，品質管理，養生などを記載し，現場に即した施工計画書を作ります。

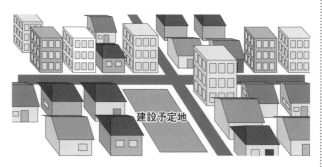

建設予定地

密集している現場に即した施工計画書を作る必要がある

施工計画書には，工種別の施工計画書と，工事の全体を考慮した総合的な施工計画書があります。総合的な施工計画書には，仮設工事，資材搬入，火災予防，盗難予防の計画も記載します。

監督職員（監督員）
公共工事における，発注者側の現場責任者です。

設計図書
図面，仕様書などをいいます。

養生
工事中に仕上がった部分を汚損させないように，シートやクッション材を用いて保護することです。なお，コンクリートを打設し，強度が出るまでの間，湿潤，保温などを行うことも養生といいます。ここでは前者の意味と考えてください。

工種別の施工計画書
配管工事，設備機器設置工事など，工事種類ごとの施工計画書です。総合施工計画書の作成後に作成します。すべての工種について作成する必要はありません。

167

2 調査と確認

総合的な施工計画を立てる際の調査，確認事項として，次のものがあります。

- 工事請負契約書により，契約内容を確認
- 設計図により，工事内容を把握し，必要な諸官庁届を確認
- 仕様書により，配管などの材質を確認
- 工事区分表などにより，関連工事との工事区分を確認
- 資材，機材の搬入路の確認
- 敷地周囲の交通規制の調査
- ガス管ほかの引込み位置の調査　　ほか

3 施工計画書の内容

施工計画書には，仮設計画，搬入計画，施工方法などを記載します。

①仮設計画

仮設計画は，設計図書に特別の定めがない場合，原則として請負者の責任において定め，次のような項目を記載します。

- 現場小屋，資材置場などの仮設物の配置と大きさ
- 資材加工，機材搬入スペース
- ガス，給水，電気，電話の引込み
- 排水の放流先
- 火災予防，盗難予防，騒音対策

②搬入計画

搬入計画では，資材，機材類を，指定した期日に，安全に現場搬入する計画を記載します。

1

施工計画

③施工方法

設計図書に合致した施工方法を記載します。

たとえば，地中埋設配管をする場合，設計図書に「手掘りによる掘削」と明記されていたら，掘削機械によらず，手掘りで施工する方法とします。

④その他

その他，次のような項目を記載します。

- **工事**の組織編成
- 廃棄物の**分別収集，再資源化，適正**な処理**方法**
- **概略的な工程管理，品質管理，安全管理**

補足

諸官庁届
工事施工上必要となる書類を，関係各官庁に届け出ることです。

交通規制
工事現場へのアクセス道路が，進入禁止，一方通行，時間規制，祭典による規制などがないかを確認します。

過去問にチャレンジ！

問1   難 **中** 易

着工前に，総合的な計画を立てる際に行うべき業務として，もっとも適当でないものはどれか。

(1) 工事請負契約書により，契約の内容を確認した。
(2) 設計図により，工事内容を把握して必要な諸官庁届を確認した。
(3) 特記仕様書により，配管の材質を確認した。
(4) 性能試験成績書により，機器の能力を確認した。

解説

機器の能力の確認とは，機器の仕様のことではなく，設置後の試験運転のことと解釈します。メーカーからの性能試験成績書により，機器の能力を確認するのは，着工前ではなく機器設置後になります。

解答 (4)

図面と書類

1 図面の種類

　図面には次の表のように，施工に必要なものとして，設計図，総合図，施工図，製作図があり，完成後の図面として完成図，機器完成図があります。とくに完成図は，設備を維持管理するうえで欠かせません。

	内　容	備　考
設計図	発注者の意図を反映させたもので，工事を行うための基になる図面。	発注者が用意する。基本設計図と実施設計図があり，実施設計図にて発注する。
総合図	関連する各工事間の調整を円滑にするため，工事の設計図書を基に一元化したもの。建築平面図に，天井，壁，床に設置する機器類を記入した図面。	工事全体の概要，工事間の相互関係を把握する。施工図作成の基になる。機器の重複を防ぐことができる。
施工図	実際に施工できるよう，設計図書を基に，寸法や機器の納まりなどを詳細に書いた図面。他工事との取合いや納まりの詳細を表した図面。	作業効率を検討する。作業範囲，作成順序，作成予定日等をあらかじめ定め，逐次完成させる。必要に応じ施工要領図を作成する。
製作図	特注品など，特別に工場で製作されるものを，製作前に示した図面。	設計図の仕様や性能と合致しているか，搬入・据付けや保守点検の容易性があるかを，発注者と請負者で確認する。
完成図（竣工図）	工事完成後の状態を正確に表したもの。工事完成時，施工したとおりに作成した図面。	寸法線や詳細図，撤去図などは記載しない。施工図をそのまま完成図としない。
機器完成図	工事で納入した機器などの仕様を詳細に記載した図面。	承認図をわかりやすくファイルする。

2 図書類の作成者

設計者（発注者）と施工者（請負者）の図面や仕様書などの作成区分は，次の表のとおりです。

作成者	図書類	備考
設計者	設計図	工事の基になる図面
	特記仕様書	工事の基になる書類
施工者	施工計画書	施工の計画の書類 総合，工種別
	施工図	施工の際の図面
	工程表	施工の予定表と実績表 総合，工種別
	作業標準書	作業の基準となる書類
	製作図	工場製作用の図面

3 関係書類

関係書類とは，施工に必要な書類のことで，次のものがあります。

①施工要領書

施工手順や出来上がりの状態を示し，施工図を補完するものです。施工の見落としやミスが防げ，品質水準が向上します。なお，施工要領書も設計者や監督職員（監督員）の承諾を得ておく必要があります。

②実行予算書

社内施工検討会などの資料となるもので，請負者が，工事にかかる費用を予算として計画したもので

補足

基本設計図
建築物の基本的，概略的な設計図です。

実施設計図
具体的な詳細設計図です。契約図面として使用します。

施工要領図
施工上の要点をわかりやすく示した図です。施工図を補完します。

寸法線
長さを表示するための線です。

撤去図
改修工事で，既存の設備機器などを取り去ることを示した図面です。

施工検討会
受注した工事の施工方法などを話し合います。新工法や新技術の導入の可否なども課題となります。

す。利益幅を確認するための作業で，着工前に作成します。**実行予算書は，発注者や下請会社に見せる必要はありません。**

③総合工程表

仮設工事から完成時における試運転調整，後片付け，清掃までの全工程の大要を表すもので，一般に，工事区分ごとに示します。総合工程表により，工事全体の作業の施工順序，労務，資材などの段取り，それらの工程などを総合的に把握することができます。なお総合工程表の作成については，建築，電気工事業者などとの詳細な内容の記述までは不要です。

4 届出書類と提出先

工事に伴い，各種の申請書を作成します。届出先は次のとおりです（届出の必要なものは，一定規模以上のものです）。

件名	届出先
消防用設備等設置	消防長または消防署長
少量危険物取扱い	消防庁または消防署長
危険物貯蔵所設置	都道府県知事または市町村長
道路使用	警察署長
道路占用	道路管理者
建築確認	建築主事または指定確認検査機関
ボイラ設置	労働基準監督署長
クレーン設置	労働基準監督署長

道路上または道路下に工作物や施設を設ける工事のため，道路を一時的に使用するのが「**道路使用**」です。一方，**長期間継続的に使用するのが「道路占用」**です。

たとえば，給水管埋設のため工事車両が道路を使用する場合，その地域を管轄する**警察署長**に「道路使用許可」を申請し，許可を受けておきます。

一方，道路下に埋設する給水管は，長期にわたって道路を占用するため，「道路占用許可」を道路管理者に申請し，許可を受けます。

バックホウ

道路を掘削のため使用
…道路使用許可（警察署長）

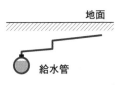

地面

給水管

道路完了後，道路を占用
…道路占用許可（道路管理者）

補足

消防長，消防署長
地域にいくつかある消防署の最高責任者が消防署長で，その元締めが消防本部です。消防本部の最高責任者が消防長です。

バックホウ
後ろに下がりながら地盤面より低い部分を掘削するショベル系の掘削機械を指し，ユンボとも呼ばれます。

過去問にチャレンジ！

問1　　　　　　　　　　　　　　　難　**中**　易

施工図または製作図に関する記述のうち，適当でないものはどれか。

(1) 施工図は，設計図書に基づいて作成するが，機能や他工事との調整についても検討する。

(2) 施工図は，納まりの検討を必要とするが，表現の正確さや作業の効率についても検討する。

(3) 製作図は，仕様や性能について確認するが，搬入・据付けや保守点検の容易性も確認する。

(4) 製作図は，吹出し口やダンパーについては必要としないが，機器類については作成する。

解　説

吹出し口やダンパーについても，製作図が必要です。

解　答　(4)

2 工程管理

まとめ & 丸暗記　この節の学習内容とまとめ

☐ 工程表の比較

項目	バーチャート	ガントチャート	ネットワーク
作業手順	△	×	○
作業日数	○	×	○
進行状況	△	△（全体は不明）	○
作成の難易	○	○	×

×：不明，困難　△：漠然　○：判明，容易

☐ アロー形ネットワーク
　矢印を用いた工程表
　（アルファベットは作業名，その下の数字は作業日数）

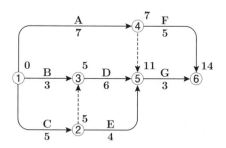

- 作業（アクティビティ）：作業とその流れを表す。記号→
- ダミー：実際の作業はなく，順序を表す。記号--→
- 結合点（イベント）：作業の始点，終点を表す。
　　　　　　　　　　記号①，②，…⑥

工程表

1 曲線式工程表

　横軸に工期，縦軸に出来高をとると，予定進度曲線はおよそ次の図のようなS字形の曲線になります。この曲線を，S字曲線と呼んでいます。

　上方許容限界曲線と下方許容限界曲線を設定し，中に入るように工程を管理します。この上方，下方の2つの曲線をその形から，バナナ曲線といいます。

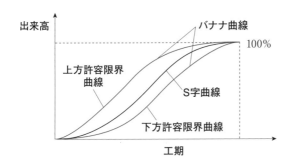

2 バーチャート工程表

　縦に各作業名を列記し，横に暦日などをとり，各作業の着手日と終了日の間を横線で結んだものです。

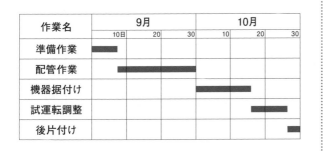

補足

予定進度曲線
工事の進み具合を表した予想の曲線です。

S字曲線
アルファベットのSの形になるので，こう呼ばれ，Sカーブともいわれます。工期始めと最後の進捗率（出来高）が上がらないのは，それぞれ仮設工事，試験調整のためです。

上方・下方許容限界曲線
進度曲線の上限・下限を示した曲線です。

バーチャート
下図のように，バー（棒）を用いて表現したチャート（図）で，横線式工程表の1つです。計画の下に赤線で実績を記入したり，進度曲線（S字曲線）を書き足して用いれば，精密な工程管理が行えます。

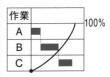

175

バーチャート工程表には，次のような特徴があります。

利点	・作成，修正が簡単 ・所要日数と作業の関係がわかりやすい ・計画と実績が比較しやすい
欠点	・作業間の関連性が明確でない ・大規模工事では管理しにくい

3 ガントチャート工程表

縦に各作業名を列記し，横に各作業の達成度（進捗率）をとったもので
す。

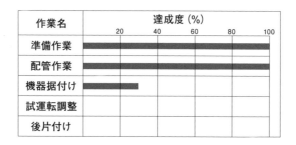

ガントチャート工程表には，次のような特徴があります。

利点	・各作業の現時点での達成度がわかる ・作成が容易
欠点	・各作業の前後関係がわからない ・全体の所要時間がつかめない

4 ネットワーク工程表

矢印の上に作業名，下に所要日数を記載し，一連の作業を表したもので
す。

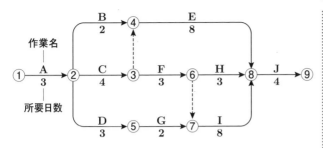

作業名

所要日数

補足

ガントチャート
アメリカ人のヘン
リー・ガントが考案し
たことから，この名が
付けられています。

ネットワーク工程表には，次のような特徴があります。

利点	・クリティカルパス（最長時間）に注目して，工程管理しやすい（重点管理作業がわかる） ・工事途中での変更に対応しやすい
欠点	・作成が難しく，熟練を要する

クリティカルパス
クリティカルパスとな
る各作業日数を短縮で
きれば，工期短縮をは
かることができます。
詳細は180～182
ページ参照。

過去問にチャレンジ！

問1　　　　　　　　　　　　　　　　　難　**中**　易

　バーチャート工程表に関する記述のうち，適当でないものはどれか。

(1) ガントチャート工程表に比べて，各作業の所要日数と施工日程がわかりやすい。

(2) ネットワーク工程表に比べて，簡単に作成でき，重点管理作業が把握しやすい。

(3) 工程表の各工事細目の予定出来高から予定進度曲線が得られる。

(4) ネットワーク工程表に比べて，作業間の関連が明確でなく，各作業の工期に対する影響の度合いを把握しにくい。

解説

　バーチャート工程表は，重点的に管理する作業の把握は困難です。

解答　(2)

ネットワーク工程表

1 用語

ネットワーク工程表では，矢印（アロー）を用いた，アロー形ネットワーク工程表が代表的なもので，次のようなもので構成されます。

①作業（アクティビティ）

各作業を実線の矢印で表します。矢印の向きは作業が進む方向を示します。一般に作業名は矢印の上に表示し，作業にかかる日数は矢印の下に表示します。

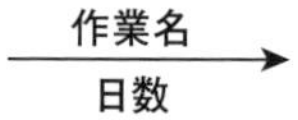

②ダミー

点線の矢印で表します。実際に作業はなく（日数も0です），時間の要素はありません。作業の順序（前後関係）だけを意味します。

下の図のような工程表の場合，A作業はもとより，B作業が終わらないとC作業が開始できないことを示しています。

【例】

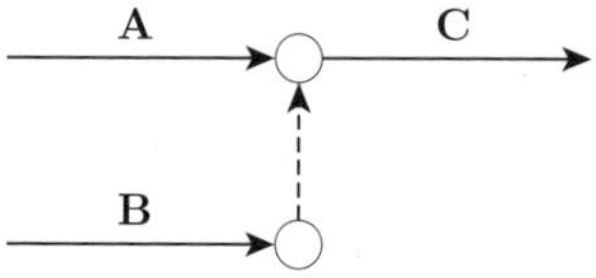

③結合点（イベント）

作業の始まりや終わりを表します。1つの節目と考えることができます。○で表記し，その中に番号を入れ，この番号をイベント番号といいます。

結合点

また，隣り合う結合点間には，2つ以上の作業を表示できません。

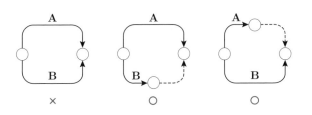

A	A	A
B	B	B
×	○	○

④先行作業と後続作業

先行作業とは，ある作業の前に先行して行う作業のことです。後続作業は，それに続いて行う作業です。先行作業が終われば後続作業が始められます。

先行作業　　　後続作業

⑤時刻

次の2つの時刻が重要です。

● 最早開始時刻（EST）

次の作業が，もっとも早く開始できる時刻をいいます。

● 最遅完了時刻（LFT）

前の作業が，遅くとも完了していなくてはならない時刻です。

⑥フロート

結合点に2つ以上の作業が集まる場合，もっとも遅く完了するもの以外には，時間的に余裕があります。その余裕時間をフロートといいます。

補足

作業（アクティビティ）
試験問題では，作業名を表示せず，単に作業日数だけの場合もあります。また，日数のことをデュレイションといいます。

ダミー
架空の作業という意味です。

イベント番号
同じ番号を付けることはできません。一般に，左（工期の始まり）から，右（工期の終わり）に向かって，番号を付けます。番号はダブリがないように付けます。

EST
もっともはやく
Earliest
はじまる
Start
じこく
Time
翌日から次の作業が開始できます。

LFT
もっともおそく
Latest
おわる
Finish
じこく
Time

2
工程管理

下の図のような工程表の場合，②→④（8日）のルートは，②→③→④（10日）より2日のフリーフロートがあることがわかります。

【例】

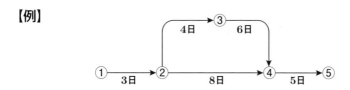

⑦クリティカルパス

工事完了に至る工程のうち，もっとも日数を要するものをいいます。工期厳守には，クリティカルパスを重点管理することが重要となります。

例題1 Dの開始条件は何ですか。

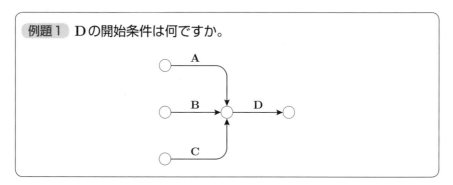

解答 A，B，Cのすべてが終わればDが開始できます。

例題2 CとDの開始条件は何ですか。

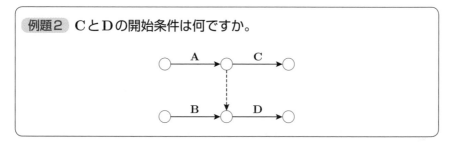

解答 Aが終われば，Cは開始できます。また，AとBが終われば，Dが開始できます（Bが終わっているだけでは，Dは開始できません）。

2 最早開始時刻（EST）の求め方

次の図のようなネットワーク工程表の場合，最早開始時刻はイベント番号の上に記入します。

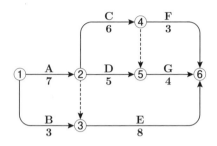

例題 上図のネットワーク工程表において，所要工期とクリティカルパスを求めなさい。

解説 手順は，次のとおりです。

(a) イベント番号①がスタートで，⑥がゴールになります。まず，①の上方に0を記入します。

(b) イベント番号②への矢印は1本のみなので，②に7と記入します。これは，A作業が完了した7日目の夕刻を意味します。

(c) ③に入る矢印は2本あります（ダミーの矢印も1本です）。この場合は，2系統の比較をします。

つまり，①→②→③は7日で，①→③は3日です。B作業は3日で完了しますが，A作業が7日なので，A作業が終わるのを待たなければ次のE作業は開始できません。したがって，③には7と記入します。

(d) ④への矢印は1本なので，②の上にある数字7日とCの作業日6日を足した13を④に記入します。

(e) ⑤は④→⑤と②→⑤の2系統を比較します。④→⑤が13日，②→⑤が12日なので，大きいほうの数

フリーフロート（FF）

フロートには次の3つがあります。
①フリーフロート（FF）
②ディペンデントフロート（DF）
③トータルフロート（TF）
①＋②＝③です。
①は，すべて使っても次作業を最早開始時刻で始められます。
②は，使うと次作業を最早開始時刻で始められません。

クリティカルパス

クリティカルは，「特別な」「危険な」という意味で，パスは「道」です。その工程の作業のどれか1つでも遅延すると，工期が超過してしまう，特別な，危険な道です。

字13を⑤に記入します。

(f) ⑥には3本の矢印があります。④→⑥が16日，⑤→⑥が17日，③→
⑥が15日なので，⑥には17と記入します。

以上で，最早開始時刻（EST）をすべて求めたことになります。

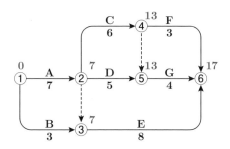

これにより，次のことがわかります。

●所要日数は17日です。

●クリティカルパスはA→C→G（作業名で記述）①→②→④→⑤→⑥
（イベント番号で記述）となります。

過去問にチャレンジ！

問1　　　　　　　　　　　　　　　　　　　難　**中**　易

図に示すネットワーク工程表に関する記述のうち，適当でないものは
どれか。

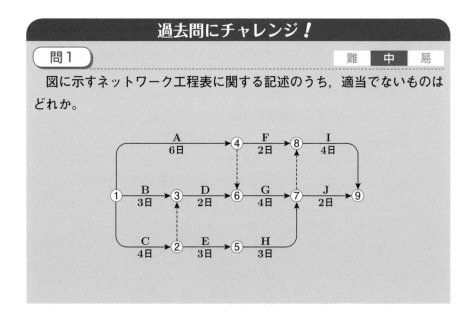

(1) 作業A，作業Dおよび作業Eは，並行して行うことができる。

(2) 作業Eは，作業Bに関係なく作業Cが完了すれば着手できる。

(3) 作業Gは，作業Aおよび作業Dが完了しなければ着手できない。

(4) 作業Iは，作業Gおよび作業Hに関係なく，作業Fが完了すれば着手できる。

解 説

イベント⑦から⑧にダミー（--▶）があるので，作業Gと作業Hも完了していないと，作業Iは開始できません。

解 答 (4)

問2　　　　　　　　　　　　　　　　　　　難　**中**　易

図に示すネットワーク工程表のクリティカルパスにおける所要日数として，適当なものはどれか。

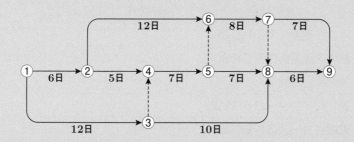

(1) 28日　　(2) 31日　　(3) 34日　　(4) 37日

解 説

最早開始時刻（EST）を求めます。クリティカルパスは①→③--▶④→⑤--▶⑥→⑦→⑨となり，所要日数は34日です。

解 答 (3)

3 品質管理

まとめ & 丸暗記　　この節の学習内容とまとめ

☐ **品質管理**
施工図の検討　　機器の工場検査　　装置の試運転調整　など

☐ **品質管理の効果**
品質の向上　品質の均一化　手直しの減少　工事原価の低減

☐ **デミングサークル**
$P \rightarrow D \rightarrow C \rightarrow A$　またPに戻る

☐ **全数検査と抜取検査**
全数検査：製品すべてを検査
抜取り検査：製品の一部を検査

検査項目	全数検査	抜取り検査
ボイラ安全弁の作動試験	○	－
防火区画貫通の穴埋め確認	○	－
管の水圧試験	○	－
機器のインターロック試験	○	－
温度ヒューズの作動試験	－	○
ねじ加工の精度	－	○
換気扇風量試験	－	○
残留塩素濃度試験	－	○

○：適用

☐ **品質管理のツール**
管理図　　ヒストグラム　　特性要因図
パレート図　　散布図

手順と検査

1 品質管理の手順

　品質管理とは，買い手の要求に合った品物やサービスを，経済的に作り出すための手段の体系をいいます。施工図の検討，機器の工場検査，装置の試運転調整などは品質管理に当たります。また，品質管理を行うことにより，品質の向上，品質の均一化，手直しの減少，工事原価の低減などの効果があります。

◆手順

①品質特性を決める
（製品の特徴を決める〈Plan〉）

②品質標準を決める
（品質を保持するための平均値を決める〈Plan〉）

③作業標準を決める
（生産ラインの基準を決める〈Plan〉）

④製品を作る
（Do）

⑤製品のデータをとり，作業工程の良否を判定する
（Check）

⑥不良品がなぜ出たか，異常原因を追究し，改善する
（Act）

補足

品質管理
Quality Control：略してQCともいいます（188ページ参照）。品質管理は，後工程よりも前工程に力点を置いて管理するとよいとされています。家を建てるには基礎が大事ということです。また，品質管理において，要求水準を大幅に上回る品質にすることは，よい品質管理とはいえません。

生産ライン
製品を作るための一連の製造工程をいいます。

製品の品質や生産計画をPlan，生産をDo，工程などの検討をCheck，不具合などに対する処置をActと呼び，これらの頭文字をとってP→D→C→Aと表します。

　P→D→C→Aの手順はAからまたPに戻ります。この繰返しをデミングサークルと呼び，よりよい製品を生み出すうえで重要な手法です。

　Planに戻ってよりよい計画を作り，常に上昇していくように，デミングサークルをスパイラルアップさせていきます。
なおスパイラルアップとは，らせん状に回りながら上昇していく様子を表現する言葉です。

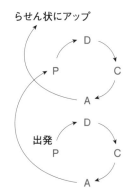

2　全数検査

　全数検査とは，すべての製品について検査を実施することです。不良品の混入が許されない製品であるときは，全数検査が適用されます。

　具体的には，次のものは全数検査をします。

- ボイラ安全弁の作動試験
- 防火区画貫通箇所の穴埋め確認
- 給水管の水圧試験
- 消火管の水圧試験
- 排水管の通水試験
- 送風機の回転方向の確認
- 冷凍機と関連機器とのインターロック試験（連動試験）
- 埋設排水管の勾配

3 抜取検査

抜取検査とは，製品の一部を抜き取って検査を行うことです。製品に，ある程度の不良品が混入している可能性があっても許される場合や，品物を破壊しなければ検査の目的を達し得ない場合に行われます。

具体的には，次のものは抜取り検査をします。

- 防火ダンパー用温度ヒューズの作動試験
- ダクト用ボルトのねじ加工の精度
- 配管，ダクトの吊り間隔の確認
- 換気扇の風量試験
- 給水栓から吐き出した水の残留塩素濃度試験
- コンクリートの圧縮強度

過去問にチャレンジ！

問1　　　　　　　　　　　　　　難　中　易

試験・検査に関する記述のうち，適当でないものはどれか。

(1) ボイラの安全弁の作動試験は，抜取り検査を行う。
(2) 冷凍機と関連機器との連動試験は，全数検査を行う。
(3) 防火ダンパー用温度ヒューズの作動試験は，抜取り検査を行う。
(4) 消火管の水圧試験は，全数検査を行う。

解説

ボイラの安全弁の作動試験は，不良品であることは許されず，抜取り検査ではなく，全数検査を行います。

解答 (1)

品質管理のツール

　品質管理を進めるうえで，データ分析などに使われる図や表をツールといいます。品質管理はQC（Quality Control）とも呼ばれています。品質管理に必要なツールは7つあり，まとめて「QCの7つ道具」といわれています。

　そのうち，試験でよく出題されるのは次の5つです。

1 管理図

　データをプロットした点を直線で結んだ折れ線グラフに，異常を知るための中心線や上方管理限界線，下方管理限界線を記入したものが管理図です。

　生産工程がよく管理されている状態（＝安定状態）にあるといえる条件は，一般に，点がすべて上・下の管理限界線の間にあること，点の並び方にくせがないことなどです。

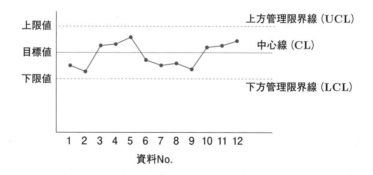

2 ヒストグラム

　ヒストグラムは，「柱状図」とも呼ばれるもので，データの全体分布や，概略の平均値，規格の上限，下限から外れている度合いがわかります。

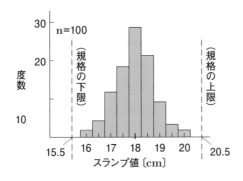

全データが許容誤差内に納まるようにします。さらに正規分布曲線に近い形になるのが理想です。

3 特性要因図

特性（結果）と要因（原因）の関係を図にしたのが特性要因図です。「魚の骨」とも呼ばれるもので，不良とその原因が体系的にわかります。

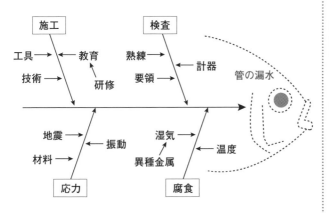

たとえば，上の図では「配管から漏水してしまったのは，異種金属を管材として使用したため腐食したのが，要因として考えられる」のように，不良の状況と原因が明確に示されます。

3

品質管理

補足

プロット
点をグラフ（図）に落とし込んでいくことです。

ヒストグラム
棒グラフは5～10本程度になるように範囲を設定します。

正規分布曲線
下図のように，ほぼ山形で左右対称な曲線をいいます。

魚の骨
図の形状が魚の骨に似ていることから名付けられました。魚の頭部（点線部）は参考までに記入したものです。

4 | パレート図

　製品に生じた不良項目を種類ごとにまとめ，**件数の多い順に並べて棒グ**
ラフを作り，さらに，**累計の折れ線グラフを表示したものがパレート図で**
す。下図では，Aという不良項目がもっとも多く，次にB，C，…Fという
順番になります。Bの棒グラフの右肩の頂点を真上に延ばした点は，Aと
Bの合計の不良件数およびパーセンテージを表します。パレート図を用い
ると，全体の不良をある率まで減らす対策の対象となる重点不良項目がわ
かります。また，おのおのの不良項目が全体に占める割合がわかります。

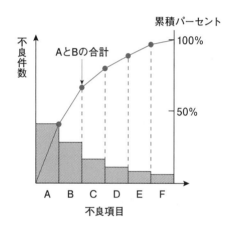

5 | 散布図

　グラフに点をプロットしたもので，点の分布状態より，縦軸と横軸の2
つのデータの**相関関係**がわかります。相関関係とは，二者間の関係をいい
ます。一方が増えれば，もう一方も上がる場合，正の相関関係があるとい
います。逆に片方が増え，もう一方が減る傾向があれば，負の相関関係が
あるといいます。
　たとえば次の図に示したものは，延べ床面積と工事価格の関係で，両者
はほぼ比例関係であることがわかります。

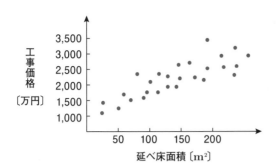

補足

パレート図
イタリアの経済学者で
あるパレートに由来し
ます。

過去問にチャレンジ！

問1　　　　　　　　　　　　　　　　難　**中**　易

品質管理に関する次の説明文に対応するヒストグラムはどれか。

　データは規格値に納まっている。しかし，山の形状より，作業工程に
異常があるか，または，ほかの母集団のものが入っている可能性がある
と思われる。もう一度データ全体を調べる必要がある。

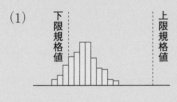

解 説

上限と下限の間にあるが，2山となっているものを探します。

解 答　(4)

安全管理

☐ 作業床
　幅は40cm以上，すき間は3cm以下
　吊り足場の場合は，すき間がないこと

☐ 手すり
　高さは85cm以上
　中央部に中さんを入れる

手すり
85cm
以上
中さん
足場板

☐ 脚立
　脚と水平面との角度は75度以下
　開き止めの金具

☐ 移動はしご
　幅は30cm以上
　すべり止め装置を設ける

☐ 架設通路
　勾配は，原則として30度以下
　15度を超えるものには，原則，踏みさんなどのすべり止めを設置

☐ 酸素欠乏
　空気中の酸素濃度が18%未満の状態

☐ 酸素欠乏危険作業

- 酸素欠乏危険作業に就かせるとき，労働者に特別の教育を実施
- その日の作業を開始する前に，空気中の酸素濃度を測定
- 労働者の入場および退場させるときに，人員を点検
- 酸素濃度の測定を行ったときは，その記録を3年間保存

高所作業

1 作業床

　統計上，建設工事の死亡災害は全産業の約3割を占めています。建設業における**労働災害**のうち，もっとも多いのが墜落災害です。このため，足場の幅が1m以上の箇所において足場を使用するときは，原則として，本足場を使用します。ただし，吊り足場を使用するときや，障害物などがあって本足場が使用できない状況ではこの限りではありません（この規定は，令和6年4月1日から施行）。

　また，事業者は，足場を使用する際は点検者を指名してその者に点検させ，結果および点検者指名を記録し，作業が終了するまでの間保存します（この規定は令和5年10月1日から施行）。

　高さが2m以上の箇所で作業を行う場合で，墜落により労働者に危険を及ぼすおそれのあるときは，足場を組み立てるなどの方法により**作業床**を設けます。

　作業床は，幅を40cm以上とし，床材間のすき間は3cm以下（吊り足場および一側足場の場合は，すき間がないよう）にします。

　また，作業に**必要な照度**を確保します。強風，大雨，大雪など，悪天候により危険が予想されるときは，作業を中止します。墜落制止用器具を使用しても，監視人を置いても作業はできません。

　作業床には**手すり**を設け，その高さは85cm以上必要です（中央部に中さんを入れます）。手すりを設けることが著しく困難な場合，**防網**を張り，**要求性能墜落**

労働災害
労働者が被る災害をいいます。一時に3人以上の労働者が，業務上死傷または罹病した災害事故を，重大災害といいます。

吊り足場
床面に設置する足場ではなく，梁などの上部から吊る足場です。

強風，大雨，大雪
強風は10分間の平均風速が10m/sの風，大雨は一降りが50mm以上，大雪は一降りが25cm以上をいいます。

要求性能墜落制止用器具
ベルト，ロープ，フックからなり，フックを固定して安全な箇所に留め，墜落，転落を防止します。フルハーネス形もあります。

制止用器具を安全に取り付けるための設備を設けて，作業者に要求性能墜落制止用器具を使用させます。

※要求性能墜落制止用器具は，旧・安全帯のことで，法令用語が改められました。

2 脚立

脚立の脚と水平面との角度は75度以下とし，その角度を保つための金具（開き止め）を備えたものを使用します。なお，脚立を，吊り足場の上で使用することや，脚立の天板に立っての作業は禁止されています。

75°以下　開き止め金具

3 移動はしご

移動はしごは，幅を30cm以上とし，すべり止め装置の取付け，その他転位を防止するための措置（滑動防止など）を講じます。はしごの足と水平面との角度は75度程度とします。

30cm以上

滑動防止　75°程度

4 架設通路など

高さまたは深さが1.5mを超える箇所で作業を行うときは，当該作業に従事する労働者が安全に昇降するための設備などを設けます。

作業場間を架け渡す通路を架設通路といい，通路面から1.8m以内に障害物を置いてはいけません。勾配は，原則として30度以下とし，勾配が15度を超えるものに

踏みさん
（15°を超える場合）

30°以下

は，細長い材木を横長に取り付けた踏みさんその他の
すべり止めを設けます。ただし，階段を設けたもの，
または，高さが2m未満で丈夫な手掛を設けたものは
除きます。

移動はしご
はしご上部の突出しは
60cm以上とします。

4

安全管理

過去問にチャレンジ！

問1　　　　　　　　　　　　　　　難　**中**　易

　足場の作業床に関する文中，［　　］内に当てはまる「労働安全衛生
法」上に定められている数値の組合せとして，正しいものはどれか。

　吊り足場の場合を除き，幅は［　A　］cm以上とし，床材間のすき間
は3cm以下とすること。
　墜落により労働者に危険を及ぼすおそれのある箇所には，高さ
［　B　］cm以上の丈夫な手すりなどを設けること。

	(A)	(B)
(1)	30	75
(2)	30	90
(3)	40	85
(4)	40	90

解　説

　吊り足場の場合を除き，作業床の幅は40cm以上とし，床材間のすき間は
3cm以下です。
　墜落により労働者に危険を及ぼすおそれのある箇所には，高さ85cm以上の
丈夫な手すりなどを設けます。

解　答　(3)

酸素欠乏危険作業ほか

1 酸素欠乏危険作業

空気中の酸素濃度が18%未満である状態を酸素欠乏といいます。なお，空気中の酸素濃度は約21%です。

酸素欠乏のおそれのある場所で作業を行う場合は，換気を行います。ただし，純酸素（高濃度の酸素）で換気を行うことはできません。

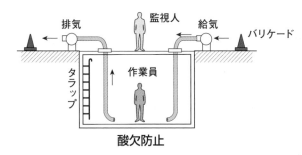

酸欠防止

事業者の義務は次のとおりです。

- 酸素欠乏危険作業に就かせるとき，労働者に特別の教育を行う。
- その日の作業を開始する前に，当該作業場における空気中の酸素濃度を測定する。
- 酸素欠乏危険作業を行う場所に労働者を入場および退場させるときに，人員を点検する。
- 酸素濃度の測定を行ったときは，その記録を3年間保存する。

2 暑熱環境作業

熱中症予防として水分補給，塩分補給を行います。熱中症予防の指標である暑さ指数（WBGT）は，気温，湿度，輻射熱に関する値を組み合わせて計算します。

3 電気機械器具

作業中に接触し，感電の危険を生ずるおそれのある電気機械器具には，感電防止の絶縁覆いなどを設け，その損傷の有無を毎月1回点検します。

また，回転する刃物を使用する作業は，手を巻き込むおそれがあるので，手袋の使用は禁止です。

濃度測定
作業主任者の業務です。

絶縁覆い
電気が流れない覆いです。

4 安全管理

過去問にチャレンジ！

問1　　　　　　　　　　　　　　難　中　易

酸素欠乏危険作業に関する文中，[　　]内に当てはまる数値の組合せとして，適当なものはどれか。

空気中の酸素濃度は約[　A　]％であり，地下ピット内などの酸素欠乏のおそれのある場所で作業を行う場合は，作業場所の空気中の酸素濃度を[　B　]％以上に保つように，空気を送風することにより換気を行う。

　　　(A)　　(B)
(1)　21　　16
(2)　21　　18
(3)　25　　16
(4)　25　　18

解 説

空気中の酸素濃度は約21％で，18％未満を酸素欠乏（いわゆる酸欠）といいます。換気をして，18％以上にすることが必要です。

解 答　(2)

5 工事施工①

□　アンカーボルト
　　埋込みアンカー
　　箱抜きアンカー
　　後施工アンカー

後施工アンカーの施工手順 ⓐ→ⓑ→ⓒ

ⓐ

ⓑ

ⓒ

ⓐコンクリートの基礎にドリルで穴を開け清掃。ホールインアンカーを
　挿入し，ピンを打撃する。
ⓑボルトの下部が拡張し，コンクリートに定着する。
ⓒ固定する機器にナットで固定する。

□　送風機
　　呼び番号2未満の送風機　→　吊りボルトによる天吊り可能
　　呼び番号2以上の送風機　→　形鋼による天吊り

□　機器と離隔

機器	離隔
受水タンク	壁，床から60cm以上，天井から1m以上
貯湯タンク	壁から45cm以上（60cm以上が好ましい）

□　ポンプ
　　吸込管は上がり勾配とする

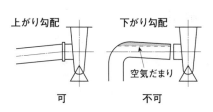

上がり勾配　　　　下がり勾配

空気だまり

可　　　　　　　不可

重量機器

1 コンクリート基礎

　機器を設置するコンクリート基礎の高さは，次の表を標準とします。

機器	基礎の高さ
冷凍機，空調機	150mm
送風機	150～300mm
ポンプ	標準基礎：300mm

　コンクリート基礎表面は，金ごてにより平滑（へいかつ）に仕上げます。コンクリート打設（だせつ）後10日以内には機器を据え付けないようにします。

　なお，ポンプのコンクリート基礎表面には，排水目皿を設けます。

2 機器の設置

　機器を設置する場合，機器の荷重が，コンクリート基礎に均等に分布するようにします。重量機の基礎は床スラブの鉄筋に緊結した鉄筋コンクリート基礎とし，耐震基礎の場合，地震による転倒を防止するため，アンカーボルトはスラブの鉄筋に緊結します。アンカーボルトの施工方法による分類は，次のとおりです。

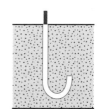

アンカーボルト（J形）

種類	施工上の留意点
埋込みアンカー	コンクリート打設前にセットしておく
箱抜きアンカー	コンクリート打設時は箱で抜き，アンカー位置確定後にモルタルを詰める
後施工アンカー	コンクリート打設後にドリルで穴を開けて設置する

後施工アンカーの施工手順 ⓐ→ⓑ→ⓒ

ⓐコンクリートの基礎にドリルで穴を開け清掃。ホールインアンカーを
　挿入し，ピンを打撃する。
ⓑボルトの下部が拡張し，コンクリートに定着する。
ⓒ固定する機器にナットで固定する。

過去問にチャレンジ！

問1　　　　　　　　　　　　　　　難　中　易

機器用コンクリート基礎に関する記述のうち，適当でないものはどれか。

(1) ポンプのコンクリート基礎には，基礎表面の排水溝に排水目皿を設け，排水系統に間接排水する。

(2) 機器の荷重は，コンクリート基礎に均等に分布するようにする。

(3) コンクリート基礎の表面は，コンクリート打設後に金ごて仕上げとした。

(4) 無筋コンクリート基礎に，箱抜きアンカーボルトで重量機器を固定した。

解 説

　重量機器は，無筋コンクリート基礎の箱抜きアンカーボルトでなく，鉄筋を入れたコンクリートを使用するようにします。

解 答 **(4)**

空調機器の据付け

1 パッケージ形空気調和機の設置

基礎の高さは，ドレン管の排水トラップの深さ（封水深さ）が確保できるように150mm程度とします。コンクリート基礎上に防振ゴムパッドを敷いて水平に据え付けます。

2 ファンコイルユニットの設置

床置形は，固定金物を用いて，壁または床に堅固に取り付けます。天井吊り（露出）形の場合には，地震による横振れ防止を行い，天井隠ぺい形の場合には，保守および点検が容易となるように，ファンコイルユニット近くに点検口を設けます。

3 直焚き吸収冷温水機の設置

据付け後に，工場出荷時の気密が保持されているかチェックします。振動は小さいので，防振基礎は不要です。地震時にガスを遮断するための地震感知器を設置します。チューブ引き抜き側は，点検，修理のためのスペースを確保します。

4 冷却塔

冷却塔は，排出された高温多湿の空気が冷却塔の空気取入口にショートサーキットしないよう，壁や囲い

補足

埋込みアンカー
ボルト中心とコンクリート基礎端部の間隔は，150mm程度以上です。

ドレン管
ドレンとは，機器や配管から流出する水のことで，ドレン管はその管です。なお，ドレンパンは，ドレンを貯留する受け皿です。

防振ゴムパッド
機器の防振を目的とした，ゴム製の敷き板です。

ファンコイルユニット
ファンと冷温水コイルからなる機器です。

直焚き吸収冷温水機
ガスや油の燃焼装置を組み込み，冷凍機（冷水）とボイラー（温水）の両方を兼ね備えた機器です。

ショートサーキット
空気が本来の経路を通らずに，近道をしてしまうことです。

から離隔距離を確保して配置します。また，冷却塔の補給水口の高さは，高置タンクの低水位からの落差を3m以上とります。

5 送風機の設置

　送風機が水平にならない場合，基礎面とベッド間にライナーを入れて，水平となるように調整します。Vベルト駆動の送風機は，ベルトの引張り側が下側になるように電動機を配置します。送風機を天井から吊り下げる場合，原則として形鋼（かたこう）を用いてスラブに固定しますが，呼び番号が2未満のものは吊りボルトによる固定が可能です。

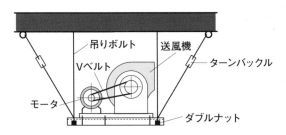

過去問にチャレンジ！

問1　　　　　　　　　　　　　　　　　　難　中　易

　ガスを燃料とする直焚き吸収冷温水機に関する記述のうち，適当でないものはどれか。

(1) 圧縮式冷凍機と同様に振動が大きいため，防振基礎とする。
(2) チューブ引き抜きのためのスペースを確保する。
(3) 地震時にガスを遮断するための地震感知器を柱に設置する。
(4) 据付け後に，工場出荷時の気密が保持されているかチェックする。

解 説

　吸収冷温水機は圧縮式冷凍機と異なり，振動が小さいため，防振基礎は不要です。

解 答 (1)

衛生機器の据付け

1 受水タンクの設置

受水タンク（受水槽）は，次のように設置します。

- 建物内に設置する有効容量が所定の容量を超える飲料用受水タンクの上部と天井との距離は，1m以上とする。
- 壁と床（または地面）からの距離は60cm以上とする。
- タンクの上部に空調用配管，排水管などを設けない。
- タンクには保守点検用に直径60cmのマンホールを設ける。
- 通気管の管端には，金網（防虫金網）を設ける。

2 貯湯タンクの設置

貯湯タンクは，次のように設置します。

- 貯湯タンクの断熱被覆外面から壁面までの距離は，原則として45cm以上とる（60cm以上が好ましい）。
- 加熱コイルを引き出すためのスペースを確保する。
- 水平に据え付け，脚に無理な力がかからないようにする。
- 貯湯タンクは振動しないので防振基礎，防振パッドは必要なく，基礎に堅固に固定すればよい。

3 ポンプの設置

ポンプは，次のように設置します。

補足

Ｖベルト
断面がＶ字形（三角形）をした，モータの回転を送風機に伝達するベルトです。

形鋼
鋼材の細長い平板を直角に曲げたものです。アングルともいいます。

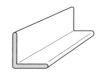

呼び番号
送風機の外径を表すもので，外形が大きいほど数が大きくなります。

有効容量
実質的に水をためることができるタンクの体積です。

断熱被覆外面
断熱材を施した外面のことです。

加熱コイル
貯湯タンク内に備えたコイルです。

5
工事施工①

203

- ポンプの吸込管は，空気だまりができないように，ポンプに向かって上がり勾配とする。
- 負圧となるおそれがあるポンプの吸込管には，連成計を設ける。
- 揚水ポンプの吐出し側には，ポンプに近い順に，防振継手，逆止弁，仕切弁を取り付ける。
- 振動，騒音のおそれがある場合は，ポンプの吸込み，吐出しの両側に防振継手を設ける。

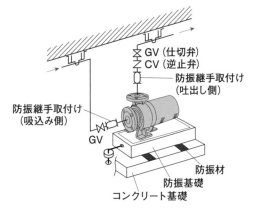

揚水ポンプ周辺の設置機器

4 汚物槽水中ポンプの設置

汚物槽水中ポンプは，次のように設置します。

- ポンプの据付け位置は，排水流入口から離れた位置とする。近いと液面が不安定となる。
- マンホールはポンプの真上に設置すると，引き上げに便利である。
- ポンプは，釜場（吸込みピット）内の壁面より20cm以上離す。
- 水位制御は，フロートスイッチを使用する。
- ポンプ吐出管に取り付ける仕切弁は，排水槽外に設置する
- 排水槽の底は，ポンプを据え付けるピットに向かって $\dfrac{1}{15}$

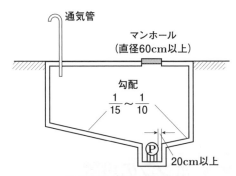

汚物槽水中ポンプの位置と
排水槽の勾配

$\sim \dfrac{1}{10}$ の下がり勾配とする。

5
工事施工①

補足

フロートスイッチ
水面に浮いた浮子の位置で水位を判断し、オン・オフします。フロートレススイッチ（電極棒）は浄水の場合に使用します。

汚水槽の通気管
他の通気管と連結することなく、単独で大気に開放します。

5 衛生器具などの設置

その他の設置に関する留意点は、次のとおりです。

- 防水層床に取り付ける床排水トラップは、つば付き形を使用する。
- 施工中の器具は、汚損または破損による被害を防護するため、適切な養生を行う。
- 洗面器は、ブラケットまたはバックハンガーを取り付け、所定の位置に固定する。
- 水栓の吐水口端と水受け容器のあふれ縁との間には、十分な吐水口空間をとる。

過去問にチャレンジ！

問1　　　　　難　中　易

建物内に設置する有効容量5m³の飲料用受水タンクに関する記述のうち、適当でないものはどれか。

(1) タンクの上部は、保守点検をするために天井との距離を60cmとした。
(2) タンクの上部に空調用配管、排水管などを設けないようにした。
(3) 通気管の管端には、衛生上有害なものが入らないように金網（防虫金網）を設けた。
(4) タンクには保守点検用に直径60cmのマンホールを設けた。

解説

タンクの上部は、保守点検をするために、天井との距離を1m以上確保します。

解答 (1)

6 工事施工②

まとめ & 丸暗記　　この節の学習内容とまとめ

- ☐ 給水管
  - 垂直配管の外装材のテープは，下部より上部へ向かって巻く
  - 給水管は排水管より50cm以上，上方に埋設

  地盤面
  給水管 ◯
  50cm以上
  排水管 ◯

- ☐ 排水管
  - 排水の流れ方向が変化する箇所にはほかの排水管を接続しない
  - 屋外の直管部は，排水管径の120倍以内ごとに排水枡を設置

- ☐ 通気管
  - 雨どいに接続しない
  - 汚水タンクの通気管は，単独で大気に開放

- ☐ 防火区画の貫通部
  - 防火ダンパーは吊りボルトで吊る
  - すき間をモルタルなどで埋める
  - ダクトは厚さ1.5mm以上の鉄板（鋼板）

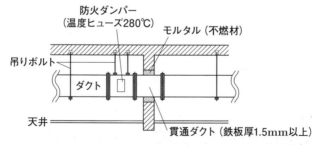

防火ダンパー
（温度ヒューズ280℃）
モルタル（不燃材）
吊りボルト
ダクト
天井
貫通ダクト（鉄板厚1.5mm以上）

※保温材を施すダクトの場合，貫通部にロックウール保温材を充填し，すき間はモルタルを詰める。

配管施工

1 管の接続方法

管の種類	主な接続方法
鋼管	ねじ接合，溶接接合，
ライニング鋼管	ねじ接合，フランジ接合
ステンレス管	メカニカル接合，溶接接合
銅管	差込接合（ろう付け）
硬質塩化ビニル管	接着接合（TS接合）

①鋼管

　ねじ接合の余ねじ部を油性塗料で防錆する場合であっても，切削油はふき取ります。

　溶接接合は，開先加工を行い，ルート間隔を保持して，突合せ溶接で施工します。

②ライニング鋼管

　塩化ビニルをライニングしたものと，ポリエチレン粉体をライニングしたものがあります。ねじ接合が用いられ，管端防食継手を用います。なお，ライニング部の面取りの際には，鉄部を露出させないようにします。管にねじ加工した後，ねじ部にペースト状のシール剤を適量塗布し，すぐにねじ込みます。

　フランジ接合は，フランジ継手による接合です。ボルトは，対角線の順序で締め付けます。

③ステンレス管

　一般の給水，給湯に使用されるのは一般配管用ステ

補足

管の種類
管種については，第一次検定編第4章参照。

切削油
鋼管を切るときに使用する油です。

開先加工
管の溶接の際，すき間を開けて溶着金属が溶け込みやすくすることです。I形，V形などがあります。

I形　　V形

ルート間隔
溶接しようとする2つの鋼材のすき間をいいます。

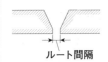

ルート間隔

突合せ溶接
2つの鋼材を突き合わせ，すき間に溶着金属を溶け込ませる溶接方法です。溶接性に優れます。

ライニング
管の内面（場合により外面）に塗膜を作ることです。

6

工事施工②

207

ンレス鋼管です。メカニカル接合
は，ゴム製のガスケットでシール
し，機械的に接合する方法と，溶
接接合（TIG溶接）があります。

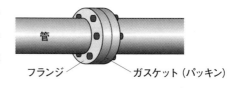

フランジ　　　　　ガスケット（パッキン）

④銅管

　差込接合は，毛細管現象により銅管と継手受口のすき間にろうを吸い込
ませて接合します。そのほかに，フランジ接合，フレア接合があります。

⑤硬質塩化ビニル管

　接着接合（**TS接合**）は，接着剤を用いて接合する方法です。継手がテー
パー状の受口になっており，ビニル管を押し込んで一定時間圧縮力をかけ
て接着します。**接着剤は，受口および差口に均一に塗布します。**

2 管の切断

　管を切断する工具には，次のものがあります。

①帯のこ盤

　高速で切断するため切断精度が高く，鋼管系の管に多用され，硬質塩化
ビニルライニング鋼管の切断にも適しています。

②パイプカッター

　管を挟んでローラー刃を回転させて切断します。50A（直径50mm）以
下の細い管で使用されますが，内面にめくれができるので，ライニング鋼
管ではライニングの剥離（はくり）のおそれがあり，使用しません。

3 継手の種類

①防振継手

　機器の振動が配管に伝播することを防止します。給水ポンプの吸込み側と吐出し側に設けます。

②可とう管継手（フレキシブルジョイント）

　地震などの大きな変位に対して，継手の軸と直角方向の変位を吸収します。受水タンクに接続する給水管には，タンクの近くで設けます。

③伸縮管継手

　流体の温度変化による管の伸縮を吸収するための継手で，蒸気管などに使用され，次の2種類があります。

●単式伸縮継手

　片側の管の伸縮を吸収します。伸縮を吸収する配管側にガイドを設け，ガイドは固定し，伸縮を吸収しない管も固定します。継手本体はフリーにします。

●複式伸縮継手

　両側の管の伸縮を吸収します。両側にガイドを設け，ガイドは固定し，継手本体も固定します。

④絶縁継手

　異種金属の接合による腐食のおそれがある箇所に設けます。

4 管の施工

①給水管

　横走り給水管から枝管を取り出す場合は，原則とし

補足

メカニカル接合
配管の接合において，ねじ切りや溶接によらず，ボルト，ナット，パッキンなどを使用し，機械的に接合します。

ガスケット
気密性を高めるために，フランジ間に入れるパッキンです。

TIG溶接
タングステン・イナート・ガス溶接の頭文字を取ったものです。イナート・ガスとは不活性ガスの1つです。

TS接合
Taper（傾斜）Size（形）の略で，継手の内面に傾斜があり，管を差し込み，接着材で接合します。

テーパー状
傾斜のついた状態です。

伸縮管継手
第二次検定編第1章298〜299ページ設備図参照。

ガイド
管の伸縮を円滑にするための案内管です。

6 工事施工②

て，横走り管の上部から取り出します。地中で給水管と排水管を交差させる場合には，給水管を排水管より50cm以上，上方に埋設します。排水管からの漏れが給水管に影響を及ぼさないためです。

②排水管

排水管の留意事項には次のものがあります。

- ●排水立て管は，上階から下階まで同じ管径とする。
- ●排水の流れ方向が変化する箇所には，ほかの排水管を接続しない。
- ●屋外排水管の直管部においては，一定の間隔（排水管径の120倍）以内ごとに，排水枡を設ける。
- ●敷地内の雨水排水枡には，深さ150mm程度の泥だまりを設ける。

③通気管

通気管は，雨どいに接続することはできません。また，汚水タンクの通気管は，単独で大気に開放します。

④温水管

空気だまりができないように，開放式膨張タンクに向かって上がり勾配にします。

すべての管に共通しますが，機器まわりの配管はアングルなどで支持を行い，機器に配管の荷重がかからないようにします。複数の管を並行に上下させて吊る場合，下の管が軽量でも，上の管から直接吊らないようにします。なお，振止めのUボルト（U字形のボルト）は，管を強く締め付けないようにします。

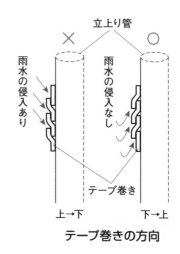

テープ巻きの方向

垂直配管の外装材のテープ巻きは，下部より上部へ向かって行います。こうすることにより，雨水がテープのすき間から入りにくくなります。

5 配管識別表示

JISの基準に，配管の識別表示色が定められています。

用途	表示色	用途	表示色
蒸気	暗い赤	油	茶
ガス	うすい黄	水	青
空気	白	電気	うすい黄赤

補足

アングル
山形鋼のことです。

JIS
Japan Industrial Standardの略で，日本産業規格のことです。日本の工業製品の品質や安全を確保するために国が定めたものです。

6
工事施工②

過去問にチャレンジ！

問1　　　　　　　　　　　　難　中　易

配管の施工に関する記述のうち，適当でないものはどれか。

(1) 温水管は，空気だまりができないように，開放式膨張タンクに向かって上がり勾配にする。
(2) 銅管，ステンレス鋼管を鋼製金物で支持する場合は，ゴムなどの絶縁材を介して支持する。
(3) 単式伸縮継手を取り付ける場合は，継手本体を固定し，両側にガイドを設ける。
(4) FRP製受水タンクに接続する給水管に，合成ゴム製のフレキシブルジョイントを設ける。

解説

単式伸縮継手を取り付ける場合は，継手本体を固定せず，片側にガイドを設けます。

解答 (3)

ダクトの施工

1 ダクトの継目

　長方形ダクトの角の継目は，強度を保つため原則として2箇所以上とし，とくに浴室や厨房の排気に**長方形ダクト**を使用する場合は，ダクトの継目が下面にならない**U字形**の継ぎ方となるようにします。

　なお，浴室など**多湿箇所**や厨房の油を含んだ排気ダクトは，継手および継目の**外側**からシールを施します。

2 ダクトの継手

　接続方法は，次のように分類されます。

①アングルフランジ工法

　アングル（山形鋼）をダクトの全周に，溶接またはリベットにて取り付け，ダクト間にガスケット（パッキン）を挟んでボルトで締め付けます。ガスケットは，フランジの幅と同一のものを用います。

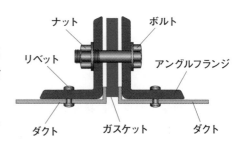

②コーナーボルト工法

　共板フランジ工法と，スライドオンフランジ工法があります。いずれも，「コーナーボルト」といわれるように，ダクトの**四隅**をボルト，ナットで締め付けます。

●共板フランジ工法

　ダクト端部を折り曲げてフランジを成形したもので，アングルフランジ

212

工法に比べて接合締付力は劣ります。低圧ダクトに用いるコーナーボルト工法ダクトの板厚は，アングルフランジ工法ダクトと同じにできます。

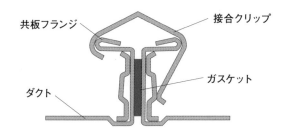

- **スライドオンフランジ工法**

ダクトとは異なる鋼板を用いてフランジを作ります。四隅のボルト・ナットで接続します。

アングルフランジ工法，コーナーボルト工法とも，空気の漏れ防止のため，フランジの四隅にシールを施し，接合部にガスケットを使用します。

3 送風機との接続

①たわみ継手

送風機の吸込み口および吐出し口には，たわみ継手を用います。送風機などからの振動がダクトに伝わるのを防止し，振動を吸収するためには，フランジ間隔を適度に保つことが必要で，折り込み部分を緊張させないようにします。

送風機の吸込み口側にダクトを接続する場合，負圧になるので，たわみ継手はピアノ線入りとします。

補足

長方形ダクトの継目

ピッツバーグはぜ

内側　　外側

ボタンパンチスナップはぜ

内側　　外側

継目の箇所数が多いと，ダクトの剛性は高くなります。

アングルフランジ工法

アングルを用いてフランジとしたものをアングルフランジと呼びます。この工法では，ダクトの長辺が大きくなるほど，たわみやすくなるため，接合用フランジの最大取付間隔は小さくする必要があります。

フランジ

管どうし，ダクトどうしを接合するときに用いるつば状の形をしたものです。

6
工事施工②

②曲がり部分

　長方形ダクト用エルボの内側半径は，原則として，ダクトの半径方向の

幅の $\frac{1}{2}$ 以上とします。また，円形ダクトの曲がり部の内側半径では，円形

ダクト直径の $\frac{1}{2}$ 以上とします（第4章155ページ参照）。

　送風機の吐出し口直後でダ
クトを曲げる場合は，できる
だけ送風機の回転方向と同じ
方向に曲げます。やむを得ず
逆方向にする場合は，ダクト
の曲がり部分に案内羽根（ガ
イドベーン）を取り付けま
す。

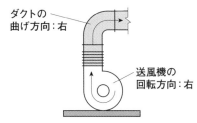

ダクトの曲げ方向：右

送風機の回転方向：右

吐出し直後のダクトの曲げ方向

4　ダンパー

　ダクト系の風量バランスをとるため，一般に主要な分岐ダクトには，風
量を調整するためのダンパーを取り付けます。

　風量調整ダンパー（VD）の操作，開度の確認および防火ダンパー（FD）
の温度ヒューズの取替えに支障がない保守点検スペースを確保します。ダ
ンパーを天井内に設ける場合は，点検口を設けるようにします。

　防火区画を貫通するダクトは，そのすき間をモルタル，ロックウール保
温材などで埋め，その間のダクトは，厚さ1.5mm以上の鉄板（鋼鈑）と
します。なお，防火ダンパーは天井から吊りボルトで吊ります。

5　ダクト付属品

①消音器

　ダンパーの操作音，風切り音などを消音するものです。消音エルボや消

音チャンバなどの消音器があり，グラスウール吸音材を使用します。

②吹出し口

　壁付き吹出し口（グリル形）は，周囲の空気を巻き込む，いわゆる誘引作用による天井面の汚れを防止するため，吹出し口上端と天井面との間隔を15cm以上とします。

6
工事施工②

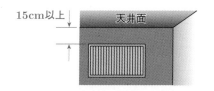

15cm以上　天井面

過去問にチャレンジ！

問1　　　　　　　　　　難　中　易

ダクトの施工に関する記述のうち，適当でないものはどれか。

(1) 長方形ダクトの板厚は，ダクトの長辺の長さによって決定する。

(2) 防火区画と防火ダンパーとの間の被覆しないダクトは，厚さ1.5mm以上の鋼板製とする。

(3) アングルフランジ工法のダクトのガスケットは，フランジの幅と同一幅のものを用いた。

(4) アングルフランジ工法ダクトは，長辺が大きくなると，接合用フランジの最大取付間隔を大きくすることができる。

解説

　アングルフランジ工法ダクトの長辺が大きくなると，たわみやすくなるため，接合用フランジの最大取付間隔は小さくします。

解答 (4)

保温・防食と試験

1 保温施工

主な保温材は次のとおりです。

	保温材	許容温度上限値（℃）
有機系発泡質保温材	ポリスチレンフォーム	70
	ウレタンフォーム	100
繊維系保温材	グラスウール	350
	ロックウール	600

　有機系発泡質保温材は，繊維系保温材に比べて許容温度の上限が低いことがわかります。一般に保温材は水にぬれると効果は減りますが，ポリエチレンフォーム保温材は，水にぬれた場合でもあまり吸湿しません。なお，保温の厚さとは，保温材，外装材，補助材のうち保温材自体の厚さのことを意味します。

　保温施工の留意点は次のとおりです。

- 保温筒を二層以上重ねるとき，各層の継目は同一箇所とならないようにする。
- 立て管のテープ巻きは，下方より上向きに巻き上げる。
- ローラで支持する場合は，ローラ前後の保温材の下部を切り取って支持する。
- 配管の床貫通部は保温材を保護するため，床面より150mm程度までステンレス鋼板などで被覆する。
- 給水配管および排水配管の地中またはコンクリート埋設部は，保温を行わない。
- 配管の保温，保冷の施工は，一般に水圧試験の後で行う。

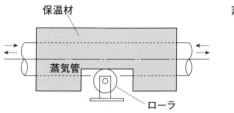

補足

ロックウール
使用温度がもっとも高い保温材（断熱材）です。防火区画を貫通するダクトと壁，床との隙間の充填か所などに使用されます。この部分はグラスウールでの充填はできません。

◆保温の例（屋外露出冷水配管）

　内部結露（管と外装材間での結露）を避けるため，冷水管にポリエチレンフォーム保温材をすき間のないようにかぶせ，鉄線で巻き締めます。

　その上に透湿防止の目的でポリエチレンフィルムを補助材として使用します。さらに防水性のある麻布で押さえ，外装材のステンレスを巻きます。

保温筒
管を保温するための円筒形の保温材です。

ローラ
蒸気管の横走り管を下方より支持し，滑りをよくします。

ポリエチレンフィルム
保温材の脱落防止目的ではありません。

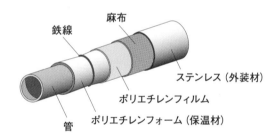

2 防食施工

①塗装

　塗装の主な目的は，材料面の保護としての防錆・防水・耐薬品並びに耐久性を高めることです。

　塗装は，原則として，温度5℃以下，湿度85％以上の場合，塗装は行いません。亜鉛めっきが施されている鋼管に塗装する場合は，リン酸塩化成皮膜処理などを行います。また，アルミニウムペイントは，耐水性

塗装
調合は，原則として工事現場では行わず，工場で調合したものを使用します。

および耐食性がよく，蒸気管や放熱器の塗装に使用されます。

②腐食

　2種類の金属が接触すると腐食が生じます。これを異種金属接触腐食といいます。金属は水に溶かしたときイオン化し，その傾向が強い金属から弱い金属まで順に並べたものがイオン化傾向です。

K, Ca, Na, Mg, Al, Zn, Fe, Ni, Sn, Pb, H, Cu, Hg, Ag, Pt, Au

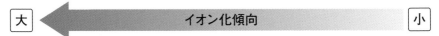

　K：カリウム　Ca：カルシウム　Na：ナトリウム　Mg：マグネシウム　Al：アルミニウム　Zn：亜鉛　Fe：鉄　Ni：ニッケル　Sn：すず　Pb：鉛　H：水素　Cu：銅　Hg：水銀　Ag：銀　Pt：白金　Au：金

◆Al（アルミニウム），Fe（鉄），Cu（銅）のイオン傾向の比較

　建築材料として使われる3種類について，イオン化傾向の大きさは，次の順になります。

　①Al（アルミニウム）

　②Fe（鉄）

　③Cu（銅）

　イオン化傾向の大きい金属が腐食するので，AlとFeを接触させると，Alが腐食し，FeとCuではFeが腐食します。

　Pt（プラチナ），Au（金）は腐食しにくいので希少価値があり，**貴金属**と呼ばれています。

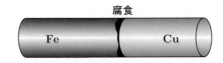

腐食

　建築物に使用される鋼材は，鉄よりもイオン化傾向が大きい亜鉛で表面を被覆し，鉄の腐食を防止しています。

③絶縁継手

地中に埋設された外面被覆されていない鋼管が建物に貫入する場合，コンクリート壁内の鉄筋と接触すると電位差を生じ，鋼管から地中に腐食電流が流れ，鋼管が腐食します。

異種金属の接合による腐食のおそれがある箇所には，絶縁継手を設けます。たとえば，配管用炭素鋼鋼管とステンレス鋼管は，イオン化傾向が異なるので，絶縁継手を介して接合します。

3 試験方法

配管工事や機器の設置が終了した後には，試運転調整および検査を行います。

機器ごとに行う試験は次のとおりです。

機器，配管	試験方法
開放式タンク類（受水タンク，浄化タンク）	満水試験
密閉式タンク類（圧力タンク，貯湯タンク）	水圧試験
ポンプ，送風機	電流値測定
冷温水，給水管	水圧試験
排水，通気管	満水試験
冷媒管	気密試験

4 ダクトの風量測定

ダクト内の風量測定は，偏流の起こらない直管部分にて行います。

補足

イオン化
プラスやマイナスの電気を帯びることです。

電位差
電圧の差です。

腐食電流
金属腐食によって流れる電流です。

水圧試験
冷温水配管の保温は，水圧試験後に行います。

風量測定
風量測定口は，送風機の吐出口の直後でなく，離れた位置にします。

偏流
ある箇所のみ偏って流れることです。

設計風量
設計段階で考えた風量です。

熱線風速計
電流を流した金属の線を気流中に入れ，電気抵抗の変化などから風速を計る機器です。

中心風速
気流の中心の風量です。

6
工事施工②

219

◆手順

①遠心送風機の風量調節は，始動時に主ダンパーを全閉にし，徐々に開けて設計風量に調整する。

※最初に全開しない。

②熱線風速計を用いて行う場合は，受感部を風向に対し直角に当てる。

※熱線風速計には一般に指向性があるため。

③ダクトを等断面積に区分し，それぞれの中心風速を測定し，全体の平均を求め，これに断面積を乗じて風量を求める。

過去問にチャレンジ！

問1   難　中　易

保温・塗装に関する記述のうち，適当でないものはどれか。

(1) ロックウール保温材は，グラスウール保温材に比べて，使用できる最高温度が低い。

(2) 冷水管の保温施工では，透湿防止の目的でポリエチレンフィルムを補助材として使用する。

(3) アルミニウムペイントは，耐水性および耐食性がよく，蒸気管や放熱器の塗装に使用される。

(4) 塗装は，乾燥しやすい場所で行い，溶剤による中毒を起こさないように十分な換気を行う。

解　説

ロックウール保温材の許容温度は約600℃で，グラスウール保温材は約350℃です。ロックウール保温材のほうが，使用できる最高温度は高くなります。

解　答　(1)

第6章

法規

1 労働安全衛生法 ・・・・・・・・・・・・・・・ 222
2 建築基準法 ・・・・・・・・・・・・・・・・・・・ 226
3 建設業法 ・・・・・・・・・・・・・・・・・・・・・ 234
4 消防法ほか ・・・・・・・・・・・・・・・・・・ 244

1 労働安全衛生法

まとめ & 丸暗記 — この節の学習内容とまとめ

□ 単一の事業場で，事業者が選任する者

選任される者	10人以上 50人未満	50人以上	100人以上
総括安全衛生管理者	—	—	◯
安全管理者	—	◯	◯
衛生管理者	—	◯	◯
産業医	—	◯	◯
安全衛生推進者	◯	—	—

□ 作業主任者
　有害または危険な作業について事業者が選任

□ 作業主任者の職務
　● 材料の欠点の有無を点検し，不良品を除去
　● 器具，工具，安全帯，保護帽を点検し，不良品を除去
　● 作業方法，労働者の配置を決め，作業の進行状況を監視

□ 主な作業主任者

作業主任者名	資格の取得方法
ガス溶接作業主任者	免許
足場の組立て等作業主任者（5m以上）	技能講習
地山の掘削作業主任者（2m以上）	技能講習
酸素欠乏危険作業主任者	技能講習
土止め支保工作業主任者	技能講習
建築物等の鉄骨の組立て等作業主任者	技能講習

安全管理体制

1 単一事業場の組織

単一の事業場が現場での安全衛生を進めるため，事業者は次の者を選任します。

①総括安全衛生管理者

建設業で常時100人以上の労働者を使用する事業場に置きます。労働安全に関する総括的業務を行います。

②安全管理者

常時50人以上の労働者を使用する事業場において，安全に係る技術的事項を管理します。

③衛生管理者

常時50人以上の労働者を使用する事業場において，衛生に係る技術的事項を管理します。

④産業医

常時50人以上の労働者を使用する事業場において，健康に関することを行います。医師の中から資格要件のある者が選ばれます。

⑤安全衛生推進者

常時10人以上50人未満の労働者を使用する事業場に置きます。業務は総括安全衛生管理者と同様です。

補足

単一の事業場
現場では複数の事業場（会社）が建設工事を行っています。各事業場の就業者数により，事業者は必要な者を選任します。なお，現場全体の組織図は346ページ参照。

安全衛生
労働者の職場での安全管理と衛生管理のことです。

選任
事業者は，選任すべき事由が発生した日から14日以内に選任します。

資格要件
労働衛生コンサルタント試験に合格した者か，厚生労働大臣が定める研修を修了した者であることなどです。

単一事業場以外
各社が混在した現場で，現場全体の組織に関するものは，第二次検定編第3章法規を参照してください。

2 作業主任者

　作業主任者は，労働災害を防止するための管理を必要とする有害または危険な作業について，事業者が選任します。作業主任者の選任要件は，都道府県労働局長の免許を取得した者か，局長の登録を受けた者の行う技能講習を修了した者です。特別の教育（原則として事業者が行う）を受けただけでは作業主任者になることはできません。

　作業主任者の職務は，次のとおりです。

- ●材料の欠点の有無を点検し，不良品を取り除く。
- ●器具，工具，要求性能墜落制止用器具，保護帽を点検し，不良品を取り除く。
- ●作業方法，労働者の配置を決め，作業の進行状況を監視する。

　主な作業主任者は次のとおりです。

作業主任者名	資格の取得方法
ガス溶接作業主任者	免許
足場の組立て等作業主任者（高さ5m以上）	技能講習
地山の掘削作業主任者（高さ2m以上）	技能講習
酸素欠乏危険作業主任者	技能講習
土止め支保工作業主任者	技能講習
建築物等の鉄骨の組立て等作業主任者	技能講習

3 教育

　事業者は，労働者を雇い入れたときや，労働者の作業内容を変更したときには，当該労働者に対し，その従事する業務に関する安全または衛生のための教育（新規入場者教育）を行わなければなりません。

新規入場者教育の内容は次のとおりです。

- 作業開始時の点検に関すること。
- 作業手順に関すること。
- 整理，整頓および清潔の保持に関すること。
- 事故時などにおける応急措置および退避に関すること。

補足

教育
労働災害の補償は教育事項にはありません。

4 移動式クレーン

移動式クレーンの運転の業務に必要な資格です。

吊り上げ荷重	資格の取得方法
1トン未満	特別の教育
1トン以上5トン未満	技能講習
5トン以上	免許

クレーン
荷を吊り上げるワイヤロープは，安全係数6を確保し，吊り角度を考慮して長さも選定します。

過去問にチャレンジ！

問1 　　　　　　　　　　　　　　　難　中　易

工事現場における作業のうち，「労働安全衛生法」上，作業主任者の選任を必要としないものはどれか。

(1) 高さが5mの足場の組立，解体作業
(2) 掘削面の高さが2mとなる地山の掘削作業
(3) 既設汚水槽内の配管作業
(4) 小型ボイラの据付け作業

解説

既設汚水槽では，硫化水素（H_2S）が許容濃度を超えて発生していることがあります。また，深い槽内では酸素欠乏のおそれもあり，酸素欠乏危険作業となるため，作業主任者が必要です。小型ボイラの据付け作業には，作業主任者の選任は必要ありません。

解答 (4)

2 建築基準法

まとめ & 丸暗記　この節の学習内容とまとめ

☐ 建築基準法
- 最低の基準を定めたもの
- 国宝，重要文化財などに指定された建築物には適用しない
- 事務所：特殊建築物ではない
- 更衣室，便所：居室ではない
- 屋内階段：主要構造部／屋外階段：主要構造部ではない
- 最下階の床：主要構造部ではない
- アスファルト：耐水材料だが不燃材料ではない

☐ 室内空気環境基準

浮遊粉じんの量	$0.15\mathrm{mg/m^3}$以下
一酸化炭素の含有量	6ppm以下
二酸化炭素の含有量	1,000ppm以下
温度	$18\sim28℃$
相対湿度	$40\sim70\%$
気流の速さ	0.5m/s以下
ホルムアルデヒドの量	$0.1\mathrm{mg/m^3}$以下

☐ 建築設備の基準
- 防火区画：貫通部両側1m以内を不燃材料で作る
- エレベーター昇降路内：給水管および排水管を設けない
- 排水管：二重トラップ禁止
- 排水槽の通気：直接，外気に開放
- 汚水に接する配管設備：不浸透質の耐水材料

建築基準法の目的と用語

1 法の目的

建築基準法の第1条に，法の目的として，次のように記されています。

「建築物の敷地，構造，設備及び用途に関する最低の基準を定めて，国民の生命，健康及び財産の保護を図り，もって公共の福祉の増進に資することを目的とする」

また，第3条には文化財保護法の規定による国宝，重要文化財などに指定された建築物には適用しないことも定められています。

2 建築法令用語

建築基準法には，用語の説明があります。

①建築物

土地に定着する工作物のうち，屋根および柱もしくは壁を有するもの（これに類する構造のものを含む），これに附属する門もしくは塀，観覧のための工作物または地下もしくは高架の工作物内に設ける事務所，店舗，興行場，倉庫，その他これらに類する施設をいい，建築設備を含むものとします。

②特殊建築物

不特定多数の人が集合する場所として，高い安全性が求められる建築物をいいます。一般の建築物より厳しい基準が設けられています。

補足

文化財保護法
文化財の保護，活用を図り，国民の文化的向上と世界文化の進歩に貢献する目的で定められた法律です。

観覧のための工作物
野球場やサッカー場です。

特殊建築物
多くの用途の建物が特殊建築物に該当しますが，事務所や個人住宅は特殊建築物ではありません。

特殊建築物の具体的な例は，次のとおりです。

・学校※	・体育館	・病院	・劇場	・観覧場
・集会場	・展示場	・百貨店	・市場	・ダンスホール
・遊技場	・公衆浴場	・旅館	・共同住宅	・寄宿舎
・下宿	・工場	・倉庫	・自動車車庫	・危険物の貯蔵場
・畜場	・火葬場	・汚物処理場		
・その他これらに類する用途に供する建築物				

※専修学校および各種学校を含む

③建築設備

建築物に附帯した設備で，具体的には次のものをいいます。

・電気	・ガス	・給水	・排水	・換気	・暖房	・冷房	・消火
・排煙	・汚物処理の設備（浄化槽）		・煙突	・昇降機	・避雷針		

④居室

居住，執務，作業，集会，娯楽，その他これらに類する目的のために継続的に使用する室をいいます。

⑤主要構造部

主要構造部	主要構造部ではない
壁，柱，床，梁，屋根，屋内階段	間仕切り壁，間柱，附け柱，揚げ床，最下階の床，廻り舞台の床，小梁，ひさし，屋外階段

なお，次の図のような部分を「最下階の床」といいます。

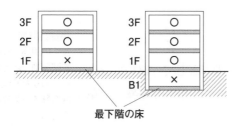

最下階の床

○：主要構造部である
×：主要構造部でない

⑥不燃材料

不燃性能を有する建築材料で，国土交通大臣が定めたものまたは認定したものをいいます。

コンクリート，モルタル，れんが，瓦，アルミニウム，ガラスなどが不燃材料です。

⑦耐水材料

雨水に長期間浸っても腐食をしない建築材料です。

コンクリート，れんが，アスファルト，石，陶磁器，ガラスなどが耐水材料です。

⑧建築

建築物を新築し，増築し，改築し，または移転することをいいます。

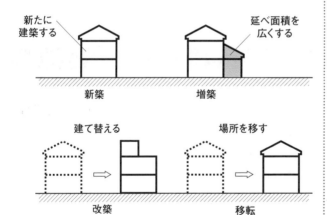

⑨大規模の修繕

建築物の主要構造部（壁，柱，屋根など）の1種類以上（たとえば壁）について行う過半の修繕をいいます。過半とは $\frac{1}{2}$ を超えることです。

2

建築基準法

居室
更衣室や便所は居室ではありません。

主要構造部
最下階の床は主要構造部ではありません。

不燃材料
アスファルトは不燃材料ではありません。

国土交通大臣が定めたもの，認定したもの
定めたものとは，建築基準法の告示に示された材料です。認定したものとは，国土交通大臣が指定した性能評価機関が，依頼者からの申請に基づいて審査し，不燃性能があると認定したものです。

増築，改築
増築は建て増すことです。改築とは現にある建物を原則として取り壊し，同種または同じ程度の規模の建物に作り替えることです。なお，新築は更地（何も建っていない土地）に新しく建物を作ることです。

移転
同じ敷地内で場所を移すことです。

⑩大規模の模様替え

建築物の主要構造部の1種類以上について行う過半の模様替えをいいます。

⑪延べ面積と建築面積

延べ面積とは，建築物の各階の床面積の合計です。

建築面積とは，建築物の水平投影面積です。ただし，外壁や柱の中心線から水平距離1m突き出たひさしの水平投影面積は，建築面積に算入しません。

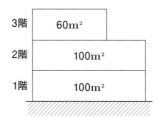

建築面積は100m²
延べ面積は260m²

過去問にチャレンジ！

問1　　　　　　　　　　　　　　　　難　**中**　易

建築の用語に関する記述のうち，「建築基準法」上，誤っているものはどれか。

(1) 共同住宅は，特殊建築物である。
(2) 屋内避難階段は，主要構造部である。
(3) 広告塔は，建築設備である。
(4) 執務のために継続的に使用される室は，居室である。

解　説

広告塔は，建築設備ではなく工作物です。

解　答　(3)

設備の基準

1 給水タンクの基準

飲料用給水タンクに関しては，次のように定められています（※143ページ参照）。

①通気設備

有効容量が$2m^3$以上の給水タンクには，圧力タンク等を除き，ほこりその他衛生上有害なものが入らない構造の通気のための装置を有効に設けます。

②給水タンク等の上部

タンク上部にポンプ，ボイラー，空気調和機等の機器を設ける場合においては，飲料水を汚染することのないように，衛生上必要な措置を講じる必要があります。

③金属製の給水タンク

衛生上支障のない有効なさび止めのための措置を講じます。

2 配管

①クロスコネクション禁止

飲料水の配管設備とその他の配管設備とは，直接連結することはできません。

②止水弁

給水立て主管から各階への分岐管等主要な分岐管に

補足

水平投影面積
建物の真上から見た面積です。

は，止水弁を設けます。

③防火区画の貫通

　給水管が防火区画などを貫通する場合は，原則として，貫通する部分およびそれぞれ両側**1m以内**の距離にある部分を**不燃材料**で作ります。塩化ビニル管のときには，不燃材ではないので，金属管で貫通する部分を覆います。

　準不燃材や難燃材料では不可です。耐火性能において，準不燃材料は不燃材料よりも劣り，難燃材料は準不燃材料よりも劣ります。

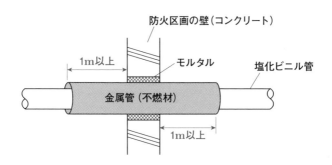

④エレベーター昇降路の配管

　給水管および排水管は，エレベーターの昇降路内に設けることはできません。**PS**（各階にわたる縦系統の配管を収納する場所）に設けます。

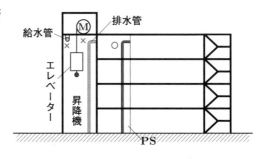

3　排水・通気

①二重トラップの禁止

　排水管の二重トラップ（ダブルトラップ）は，排水の流れが阻害されるので**禁止**です。

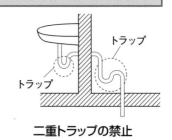

二重トラップの禁止

②排水槽の通気

排水槽の通気管は他の通気管に接続することなく，単独で，外気に開放します。その際，臭気などが滞留しないように衛生的に開放します。

③汚水の排水

排水設備で，汚水に接する部分は，不浸透質の耐水材料で作ります。水が浸み込むものや腐食するものは使用できません。また，排水のための配管設備の末端は，公共下水道，都市下水路その他の配水施設に有効に連結します。

④雨水排水の配管

雨水排水立て管は，汚水排水管や通気管と兼用することはできません。

補足

防火区画
火災時に建物内の延焼を防ぎ，避難を容易にするための区画です。

耐水材料
れんが，コンクリート，アスファルト，ガラスなどです。

排水
排水再利用配管設備の水栓には，排水再利用水であることを表示します。

過去問にチャレンジ！

問1　　　　　　　　　　難　**中**　易

建築物の居室に設ける中央管理方式の空気調和設備において調整する対象として，「建築基準法」上，定められていないものはどれか。

(1) 温度
(2) 相対湿度
(3) 酸素の含有率
(4) 浮遊粉じんの量

解 説

酸素の含有率は定められていません。

解 答 (3)

3 建設業法

まとめ & 丸暗記　この節の学習内容とまとめ

☐ 元請けと下請け

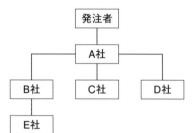

発注者から受注：A社
A社の下請け：B, C, D社
B社の下請け：E社

☐ 建設業法の規定

	管工事業など 28業種	建築一式工事業
特定建設業許可で あること	発注者から受注かつ 下請けの総額 4,500万円以上	発注者から受注かつ 下請けの総額 7,000万円以上
監理技術者を配置	同上	同上
専任の技術者を配置	4,000万円以上	8,000万円以上

☐ 1つの都道府県に営業所：都道府県知事の許可
　 2つ以上の都道府県に営業所：国土交通大臣の許可

☐ 建設業許可の有効年数：5年

☐ 管工事で500万円未満：建設業許可なくても建設業は可

建設業法の目的と用語

1 目的

建設業法第1条に，法の目的があり，次のように記されています。

「この法律は，建設業を営む者の資質の向上，建設工事の請負契約の適正化等を図ることによって，建設工事の適正な施工を確保し，発注者を保護するとともに，建設業の健全な発達を促進し，もって公共の福祉の増進に寄与することを目的とする」

補足

公共の福祉の増進
人権を尊重し，国民の健康と安全な社会を実現していくことです。

2 用語

①建設工事

土木建築に関する工事で，管工事，電気工事，造園工事など，全部で29業種あります。

②建設業

元請け，下請けを問わず，建設工事の完成を請け負う営業をいいます。

③発注者

建設工事（ほかの者から請け負ったものを除く）の注文者をいいます。

④元請負人

下請契約における注文者で建設業者である者をいいます。

発注者，元請負人

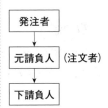

⑤下請契約

　建設工事をほかの者から請け負った建設業を営む者と，ほかの建設業を営む者との間で，当該建設工事の全部または一部について締結される請負契約をいいます。

⑥下請負人

　下請契約における請負人をいいます。

過去問にチャレンジ！

問1　　　　　　　　　　　　　　　　　　　難　**中**　易

　建設業法の目的に関する文中，[　　]内に入る語句の組合せとして「建設業法」上，正しいものはどれか。

　「この法律は，建設業を営む者の資質の向上，建設工事の請負契約の適正化等を図ることによって，建設工事の適正な施工を確保し，[　A　]を保護するとともに，建設業の健全な発展を促進し，もって[　B　]に寄与することを目的とする」

	（A）	（B）
(1)	発注者	公共の福祉の増進
(2)	受注者	建設業者の保護，育成
(3)	発注者	建設業者の保護，育成
(4)	受注者	公共の福祉の増進

解　説

　建設業法の第1条の条文です。建設業者の資質の向上，施工の確保，発注者の保護，公共の福祉の増進を目的としています。

解　答　(1)

建設業許可と契約

1 建設業許可

建設業には，建築一式工事業，管工事業，電気工事業など，29種類の業種があります。建設業を営もうとする場合，原則として建設業許可が必要です。

ただし，建築一式工事業以外の28業種については，1件当たりの工事請負金額が500万円未満であれば建設業許可をとらなくても建設業を行うことができます。

許可には，一般建設業許可と特定建設業許可があります。

特定建設業許可は，一般建設業許可の要件よりハードルは高くなりますが，必ずしも一般建設業での実績は必要ではありません。

発注者から直接請け負う1件の管工事が，次の（a）と（b）の両方に該当する場合，特定建設業の許可がなければ請け負うことができません。

（a）発注者から直接請け負う

（b）下請け金額の合計が

・4,500万円以上（管工事など28業種）

・7,000万円以上（建築一式工事）

建築一式工事
許可については，1,500万円未満か，木造住宅150m²未満の工事は，建設業許可がなくてもできます。

特定建設業許可
特定建設業は，下請け保護を求められます。発注者から直接請け負い，下請負金の合計が4,500万円以上（管工事など），7,000万円以上（建築一式工事）の場合にこの許可が必要になります。下請けの場合や，この金額未満であれば，一般建設業の許可でもよいことになります。法令改正により，上記の金額は令和5年1月1日から施行されました。

3
建設業法

237

◆管工事を請け負う場合

　A社は管工事業で，A社の下請けはB，C，D社です。下請け金額の合計は4,500万円なので，A社は特定建設業許可が必要です。

　それ以外の会社は，一般建設業許可または特定建設業許可のいずれでも構いません。

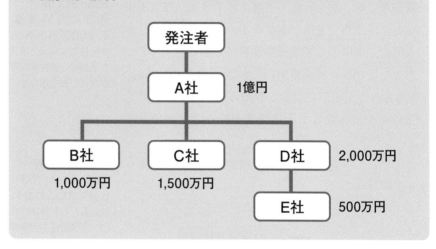

　建設業を行うには，都道府県知事または国土交通大臣の許可が必要です。許可の有効期間は5年で，継続して会社運営を行う場合，更新手続きをします。

- 1つの都道府県に営業所を設置する場合……都道府県知事の許可
- 2つ以上の都道府県に営業所を設置する場合……国土交通大臣の許可

2 請負契約

請負契約は次のような手順で進行します。

①契約前

建設業者は，注文者から請求があったときは，請負契約が成立するまでの間に建設工事の見積書を提示します。

②契約

請負契約の当事者（注文者と請負人）は，おのおのの対等な立場における合意に基づき，公正な契約を締結し，信義に従って，誠実にこれを履行（りこう）する義務があります。

注文者は，自己の取引上の地位を不当に利用して，通常必要と認められる原価に満たない金額の請負契約を締結することはできません。

また建設業者は，契約に際し，管工事業の許可のみ受けている者であっても，主たる工事が管工事であれば，管工事に附帯（ふたい）する工事（これを附帯工事といいます）を請け負うことができます。

たとえば，空調機の設置工事で，電源工事として電気工事が必要となる場合，電気工事業の許可がなくても受注できます。

補足

見積書
工事の受注に際して，請負可能な金額を算出した書類です。見積書の提出は請負契約成立後ではなく，成立前です。

附帯工事
この工事に関しては，建設業許可を受けている建設業者に外注し，下請負契約を締結することができます。

③契約後

　契約後に，注文者がその工事に使用する資材や機械器具の指定，購入先の指定はできません。

　注文者が，これらの指定や資材を提供する場合は，契約に際し，その内容および方法に関する定めを書面に記載しておきます。

3 前払金

　前払金は，工事に必要な資材購入などにあてるもので，注文者が請負人に契約直後に支払うことになっています。

　請負人は，前払金をこの工事に必要な経費や材料購入費以外に支払ってはいけません。

　なお，請負代金が著しく減額になった場合，必要以上の前払金が支払われているため，受領済みの前払金は修正返還することになります。

4 下請契約

　元請負人などの注文者と下請負人との関係は，次のように定められています。

- 建設業者は，一括して他人に請け負わせてはいけない。ただし，元請負人があらかじめ発注者の書面による承認を得た場合はよい（共同住宅の新築工事は除く）。
- 元請負人は，工程の細目，作業方法などを定めようとするときは，あらかじめ，下請負人の意見を聞かなければならない。
- 注文者は，請負人に対して，建設工事の施工につき著しく不適当と認められる下請負人があるときは，その変更を請求することができる。ただし，あらかじめ注文者の書面による承諾を得て選定した下請負人については，この限りではない。

アパートやマンションなどの共同住宅の新築工事（何も建っていない土地に，新たに建物を構築する工事）は，発注者が書面で承諾しても一括下請負はできません。

　また，元請負人が工程の細目や作業方法を定めようとするとき，元請負人は発注者（注文者）ではなくて下請負人の意見を聞く必要があります。

補足

契約直後
支払い請求手続きがあれば，なるべく早く支払います。期間などの定めは契約によります。

下請契約
公共工事においては，一括下請負を認めていません。

3 建設業法

発注者の意見を聞くのではない ✕

発注者 → 元請負人 → 下請負人

元請負人は下請負人の意見を聞く

過去問にチャレンジ！

問1　　　　　　　　　難｜中｜**易**

　建設業の許可に関する記述のうち，「建設業法」上，誤っているものはどれか。

(1) 下請負人としてのみ工事を請け負おうとするものは，請負金額の大小にかかわらず，建設業の許可を必要としない。
(2) 請負金額が500万円未満の工事のみを請け負おうとするものは，建設業の許可を必要としない。
(3) 建設業の許可は，5年ごとに更新しなければ，その効力を失う。
(4) 2以上の都道府県に営業所を設けて営業をしようとするものは，国土交通大臣の許可を受けなければならない。

解説

　元請け，下請けの区別なく，請負金額がある金額以上になれば建設業の許可を必要とします。

解答 (1)

技術者

1 技術者の配置

　請負人は工事現場に，主任技術者か監理技術者のいずれかを配置します。監理技術者でなければならない場合は，次の（a）と（b）の両方に該当するときです。

（a）発注者から直接請け負う

（b）下請金額の合計が，

　　・4,500万円以上（管工事など28業種）

　　・7,000万円以上（建築一式工事）

これに該当しない場合は，主任技術者を現場に配置します。

　なお，一般には現場で社長が自ら指揮をとることはせず，現場代理人を立てます。この場合，現場代理人の権限に関する事項などを，書面または情報通信の技術を利用する方法により，注文者に通知します。

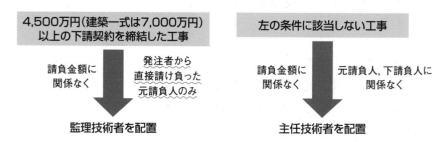

2 主任技術者の要件

　主任技術者および監理技術者は，施工計画の作成，工程管理，品質管理，その他技術上の管理，および施工に従事する者の技術上の指導監督の職務を誠実に行うことが義務付けられています。

　主任技術者になるための要件として，次のものがあります。

● 2級管工事施工管理技士の技術検定に合格した者

● 管工事に関して10年以上の実務経験を有する者など。

3 専任の技術者

公共性のある工事で，請負代金が4,000万円以上の場合（管工事など28業種。建築一式工事の場合は8,000万円以上），工事現場に配置する技術者（主任技術者または監理技術者）は，専任とします。

補足

現場代理人
会社の代表が，自分の代理として現場に置く社員です。現場代理人は，管工事施工管理技士の資格などがあれば主任技術者（2級），監理技術者（1級）が兼ねられます。

過去問にチャレンジ！

問1　　　　　　　　　　　　難　**中**　易

建設業の許可を受けた管工事業者の置く主任技術者または監理技術者に関する記述のうち，「建設業法」上，誤っているものはどれか。

(1) 発注者から直接建設工事を請け負った建設業者は，下請契約の請負代金の額にかかわらず監理技術者を置かなければならない。
(2) 2級管工事施工管理技士の資格を有している者は，主任技術者としての要件を満たしている。
(3) 下請負人として工事の一部を請け負った場合であっても，主任技術者を置かなければならない。
(4) 主任技術者および監理技術者は，当該建設工事の施工計画の作成，工程管理，品質管理，その他の技術上の管理および施工に従事する者の技術上の指導監督の職務を誠実に行わなければならない。

解説

監理技術者を置かなければならないのは，発注者から直接建設工事を請け負い，かつ，下請契約の請負代金の額が，ある金額以上の場合（管工事では4,500万円以上）です。

解答　(1)

4 消防法ほか

まとめ & 丸暗記　　この節の学習内容とまとめ

□　指定数量

品　名	物質名	指定数量
第一石油類	ガソリン	200L
第二石油類	灯油，軽油	1,000L
第三石油類	重油	2,000L

□　特定建設資材
木材，コンクリート，コンクリートおよび鉄からなる建設資材，
アスファルト・コンクリート

□　労働

労働時間	1日に8時間，1週間に40時間を超えない
休日	毎週1日以上または4週間を通じ4日以上
休憩時間	6時間を超える場合：45分間 8時間を超える場合：1時間

□　分別解体・騒音

種類	届出者	届出先	期限
解体工事の計画	発注者	都道府県知事	7日前まで
特定建設作業	施工者	市町村長	7日前まで

□　エネルギーの効率的利用
照明設備，給湯設備，昇降機，機械換気設備，空調設備

消防法

1 消防用設備等

消防用設備等は，次のように分類されます

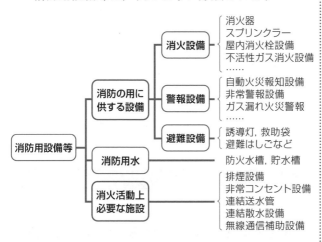

2 危険物の指定数量

危険物のうち第4類は次のように定められています。

種 別	性 質	品 名
第4類	引火性液体	特殊引火物 第一石油類 アルコール類 第二石油類 第三石油類 第四石油類 動植物油類

このうち，試験によく出る品名，指定数量は次のとおりです。

いずれも非水溶性の液体であり，第一石油類の引火

屋内消火栓設備
消火設備のひとつです。第3章125ページを参照してください。

危険物
発火性または引火性のある物質で，性状により6種類に分類されます。

第4類
ガソリン，石油などの引火性液体が第4類に分類されています。

指定数量
同一の場所で複数の危険物を取り扱う場合の指定数量の計算は，次のようにします。
（例）ガソリン100L
灯油500Lのときの

指定数量 $= \dfrac{100}{200} + \dfrac{500}{1000}$
$= 1$

非水溶性
水に溶けない性質の物質です。

点はもっとも低く，引火しやすいので，指定数量は少なく設定されています。

種 別	品 名	物質名	指定数量
第4類	第一石油類	ガソリン	200L
	第二石油類	灯油，軽油	1,000L
	第三石油類	重油	2,000L

　指定数量以上の危険物は，貯蔵所以外の場所で貯蔵することはできません。また，製造所および取扱所以外の場所で取り扱うことはできません。ただし，所轄の消防長または消防署長の承認を受けた場合に限り，10日以内であれば，指定数量を超えることは可能です。

過去問にチャレンジ！

問1　　　　　　　　　　　　　　　　難　中　易

　危険物の区分および指定数量に関する記述のうち，「消防法」上，誤っているものはどれか。

(1) 重油は，第三石油類である。
(2) 重油の指定数量は，2,000Lである。
(3) 灯油は，第四石油類である。
(4) 灯抽の指定数量は，1,000Lである。

解 説
　灯油は，第二石油類に該当します。

解 答　(3)

廃棄物処理法

1 建設副産物

建設副産物とは，建設現場から排出されたすべての発生材をいい，次のように分類されます。

```
                  ┌─ 発生残土
建設副産物 ──┼─ 有価物（スクラップ）
（発生材）        │          ┌─ 一般廃棄物
                  └─ 廃棄物 ─┤  （特別管理一般廃棄物が含まれる）
                             └─ 産業廃棄物
                                （特別管理産業廃棄物が含まれる）
```

廃棄物は一般廃棄物と産業廃棄物に分類され，さらに，前者には特別管理一般廃棄物，後者には特別管理産業廃棄物が含まれます。

産業活動によって発生する廃棄物は，産業廃棄物です。したがって，建設現場で発生するものは，原則として産業廃棄物になります。

たとえば，建築物の新築，改築で生じる包装材，段ボールなどの紙くず類は，産業廃棄物です。一方，建設現場事務所で発生する生ごみやミスコピーの紙くずなどは，一般廃棄物です。

2 廃棄物の処理

廃棄物の処理は，次のように表せます。

$$\boxed{処理} = \boxed{収集・運搬} + \boxed{処分}$$

事業活動に伴って生じた産業廃棄物は，事業者が自ら処理しなければなりません。

処理業務を業者に委託する場合，委託契約は必ず書

補足

廃棄物処理法
正式名称は，「廃棄物の処理及び清掃に関する法律」です。

4
消防法ほか

特別管理産業廃棄物
とくに有害であり，特別な管理を必要とする廃棄物です。PCB（ポリ塩化ビフェニル），石綿などがあります。日常生活に伴って生じるポリ塩化ビフェニルを使用した廃エアコンディショナー，廃テレビジョン，受信機などは，特別管理一般廃棄物として処理します。一方，改築等に伴って廃棄するけい光灯安定器内（PCB含有）は，特別管理産業廃棄物です。

面で行い，**産業廃棄物管理票（マニフェスト）**を，産業廃棄物の種類ごとに交付します。

元請負人は，廃棄物を他人の手に渡した後は，適正に処理されたかを確かめるため，廃棄物処理業者から産業廃棄物管理票の写しを受け取り，**5年間保存**する義務があります。

3 産業廃棄物の例

建設現場で発生する産業廃棄物として，次のものがあります。

・金属くず	・木くず	・コンクリートの破片
・ガラスくず	・ゴムくず	・陶磁器くず

過去問にチャレンジ！

問1　　　　　　　　　　　　　　　難　中　易

建設工事に伴って生じる廃棄物に関する記述のうち，「廃棄物の処理及び清掃に関する法律」上，**誤っているもの**はどれか。

(1) 建築物の改築に伴って生じる紙くず，木くず類は，一般廃棄物として処理することができる。

(2) 産業廃棄物を排出した事業者は，その産業廃棄物を自ら処理しなければならない。

(3) 一般廃棄物とは，産業廃棄物以外の廃棄物のことである。

(4) 産業廃棄物管理票（マニフェスト）は，産業廃棄物の種類ごとに交付しなければならない。

解 説

建築物の新築や改築に伴って生じる紙くず，木くず類は，一般廃棄物ではなく，産業廃棄物として処理します。

解 答　(1)

建設リサイクル法

1 目的と用語

建設リサイクル法第1条の目的に，次のように書かれています。

「この法律は，特定の建設資材について，その**分別解体**など及び**再資源化**などを促進するための措置を講ずるとともに，解体工事業者について登録制度を実施することなどにより，再生資源の十分な利用及び廃棄物の減量などを通じて，**資源の有効な利用の確保及び廃棄物の適正な処理を図り**，もって生活環境の保全及び国民経済の健全な発展に寄与することを目的とする」

なお，用語の意味は次のとおりです。

①特定建設資材

特定建設資材とは，次の4種類をいいます。

- ●木材
- ●コンクリート
- ●コンクリートおよび鉄からなる建設資材
- ●アスファルト・コンクリート

木材

コンクリートブロック

PC板

アスファルト・コンクリート舗装材

補足

産業廃棄物管理票
マニフェストともいいます。廃棄物排出事業者（工事現場の元請け）が交付し，5年間保存します。

建設リサイクル法
正式名称は，「建設工事に係る資材の再資源化等に関する法律」です。

特定建設資材
廃プラスチック類は特定建設資材ではありません。

PC板
工場で生産されたコンクリート板です。

4
消防法ほか

②特定建設資材廃棄物

木材，コンクリートなどの特定建設資材が廃棄物となったものです。木くず，コンクリートがらなどが該当します。

③縮減
しゅくげん

焼却，脱水，圧縮，その他の方法により，建設資材廃棄物の大きさを減ずる行為をいいます。

④分別解体等

建築物に用いられた建設資材に係る建設資材廃棄物を，その種類ごとに分別しつつ，工事を計画的に施工する行為をいいます。

⑤再資源化

分別解体などに伴って生じた建設資材廃棄物を，一般には資材または原材料として用いることができる状態にすることをいいますが，燃焼用の熱として利用できる状態にあることも含みます。

⑥対象建設工事

特定建設資材を用いた建築物などの解体工事の規模が一定の基準以上のものをいいます。

2 分別解体など

建設工事を発注者から直接請け負おうとする者は，分別解体などの計画などについて，書面を交付して**発注者**に**説明**する必要があります。

発注者または自主施工者は，**分別解体**などの計画，建築物などに用いられた建設資材の量の見込みなどを，着工の**7日前**までに，**都道府県知事**に届け出ます。

②分別解体などの計画書
（7日前までに届出）

発注者 → 都道府県知事

①説明（書面）
③リサイクル完了後，書面で報告

元請業者

4

消防法ほか

補足

コンクリートがら
コンクリートの塊のくずです。

一定の基準
床面積80 m²以上の解体工事などが該当します。

自主施工者
建設工事会社に工事を依頼せず，自ら工事を行う者をいいます。

　元請負人は，特定建設資材廃棄物の分別解体と**再資源化**が完了した際には，実施状況に関する記録を作成し，これを保存します。

　なお，建設業法上の管工事業のみの許可を受けた者が，**解体工事業を営もうとする場合**は，当該業を行おうとする区域を管轄する**都道府県知事の登録**を受けなければなりません。

過去問にチャレンジ！

問1　　　　　　　　　　　　　　難 **中** 易

　建設工事に関する資材のうち，再資源化がとくに必要な特定建設資材として，「建設工事に係る資材の再資源化などに関する法律」上，誤っているものはどれか。

(1) 木材
(2) プラスチック
(3) コンクリート
(4) アスファルト・コンクリート

解説

　プラスチックは，特定建設資材ではありません。

解答 (2)

労働基準法

1 労働契約

　労働条件は，労働者と使用者が対等の立場において決定すべきものです。労働基準法で定める労働条件の基準は**最低**のものであり，その向上を図るように努めなければなりません。

　国籍，信条，社会的身分を理由に労働条件を差別しないことや，女性であることを理由に賃金の差別をしないことが定められています。

　なお，**親権者または後見人**は，未成年者に代わって労働契約を締結することや，未成年者の賃金を代わって受け取ることはできません。親権者とは主に親で，後見人は財産管理や監護（監督，保護）を行う人をいいます。

2 労働時間

　使用者は，休憩時間を除き，1日について8時間を超えて労働させてはなりません。また休憩時間を除き，1週間について40時間を超えて労働させることはできません。

3 休日・休暇

　使用者は労働者に，**毎週少なくとも1日または4週間を通じ4日以上の休日**を与えなければなりません。また，その雇入れの日から起算して，6ヶ月間継続勤務した全労働日の8割以上出勤した労働者に対して，継続し，または分割した10労働日の**有給休暇**を与えなければなりません。

4 休憩時間

　労働時間が6時間を超える場合は，労働時間の途中に45分間の休憩時間

を与えます。

　労働時間が8時間を超える場合は，労働時間の途中に1時間の休憩時間を与えます（ちょうど8時間であれば休憩時間は45分でもかまいません）。

労働条件
労働における，勤務時間，休暇などの条件をいいます。

4
消防法ほか

過去問にチャレンジ！

問1　　　　　　　　　　　　　　　　難　**中**　易

　建設業における休日および労働時間に関する文中，[　　]内に当てはまる，「労働基準法」上に定められている数値の組合せとして，正しいものはどれか。

　使用者は，労働者に対して，毎週少なくとも1日の休日を与えなければならない。ただし，4週間を通じ[　**A**　]日以上の休日を与える使用者については，この限りではない。また，使用者は，労働者に，休憩時間を除き1週間について[　**B**　]時間を超えて，労働させてはならない。

	(A)	(B)
(1)	4	40
(2)	4	48
(3)	6	40
(4)	6	48

解　説

　使用者は，毎週少なくとも1日か，4週間を通じ4日以上の休日を与えます。また，使用者は，労働者に，休憩時間を除き1週間について40時間を超えて，労働させてはいけません。

解　答　(1)

騒音規制法，省エネ法

1 騒音規制法の用語

騒音規制法における主な用語は次のとおりです。

①特定施設

工場または事業場に設置される施設のうち，著しい騒音を発生する所定の施設をいいます。

②特定建設作業

建設工事として行う作業のうち，著しい騒音を発生する作業をいいます。くい打ち機，削岩機などが該当します。

③規制基準

特定施設を設置する工場または事業場で発生する騒音の，敷地の境界線における大きさの限度をいいます。

④指定地城

特定工場などにおいて発生する騒音および特定建設作業に伴って発生する騒音について，騒音の大きさを規制する必要があるとして指定された地域をいいます。

2 特定建設作業の届出

指定地城内において特定建設作業を伴う建設工事を施工しようとする者は，当該特定建設作業の開始の日の7日前までに，建設工事の名称，特定建設作業の種類，場所など必要な事項を記載した実施届出書を市町村長に届け出ます。ただし，災害その他非常の事態の発生により特定建設作業を

緊急に行う必要がある場合は，この限りではありません。

3 騒音

特定建設作業に伴って発生する騒音は，作業場所の敷地の境界線において，85デシベル以下とします。

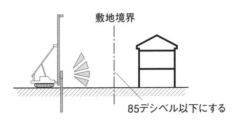

敷地境界

85デシベル以下にする

4 省エネ法

省エネ法（エネルギーの使用の合理化に関する法律）には，建築物に係るエネルギーの使用の合理化について次のとおり規定されています。

①努力義務

建築物の外壁，窓などを通しての熱の損失の防止や，空気調和設備に係るエネルギーの効率的利用を推進する必要があります。それらを行う者は次のとおりです。

- ●建築物の建築をしようとする者
- ●建築物の所有者，管理者
- ●屋根，壁または床の修繕または模様替えをしようとする者
- ●空気調和設備の設置または改修をしようとする者

補足

著しい騒音
機械プレスや大形送風機などの騒音をいいます。

指定地域
住宅密集地，病院や学校などがある地域の騒音を防止するため，都道府県知事が指定した地域です。

デシベル (dB)
音の強さの単位です。数値が大きいほど大きな音です。

85dB
災害その他非常の事態の発生により，緊急に行う必要がある場合でも，この数値が適用されます。

4
消防法ほか

②効率的利用すべき建築設備

エネルギーを消費する建築設備は，エネルギーの効率的利用のための措置を実施することが定められています。

それらに該当する建築設備は，次の5種類です。

- 照明設備
- 給湯設備
- 昇降機
- 機械換気設備
- 空調設備

過去問にチャレンジ！

問1　　　　　　　　　　　　　　　　　　　難　中　易

特定建設作業における騒音の規制に関する文中，[　]内に当てはまる語句として，「騒音規制法」上，正しいものはどれか。

特定建設作業に伴って発生する騒音は，[　　　　]，85デシベルを超えてはならない。

(1) 作業機械から発生する騒音値が
(2) 作業場所の敷地内で作業機械から5m離れた位置において
(3) 作業場所の敷地の境界線において
(4) 作業場所の敷地に隣接した敷地の建物内において

解説

特定建設作業に伴って発生する騒音は，敷地の境界線において，85デシベルを超えないことと定められています。

解答　(3)

練習問題

第 1 章　一般基礎 ・・・・・・・・・・・・・・　258

第 2 章　空気調和設備 ・・・・・・・・・・・　262

第 3 章　衛生設備 ・・・・・・・・・・・・・・・　267

第 4 章　設備機器など ・・・・・・・・・・・　272

第 5 章　施工管理法 ・・・・・・・・・・・・・　276

第 6 章　法規 ・・・・・・・・・・・・・・・・・・・　283

練習問題（第一次検定）

▶ 空気環境

問1 温熱環境に関する記述のうち，適当でないものはどれか。

(1) 相対湿度は，湿り空気中に含まれている乾き空気1kgに対する水分の質量で示したものである。

(2) グローブ温度計は，表面を黒色つや消しに仕上げた中空銅球の中央に，温度計を挿入したものである。

(3) 有効温度は，空気の乾球温度，湿球温度，風速の3つの要素を考慮したものである。

(4) 湿球温度は，水を含んだガーゼで感温部を包んだ温度計を，通風状態で測定した温度である。

解説

　湿り空気中に含まれている乾き空気1kgに対する水分の質量で示したものは，絶対湿度です。　　　　　　　　　　　　　　　　　　　　▶解答（1）

問2 空気環境に関する記述のうち，適当でないものはどれか。

(1) 二酸化炭素は，直接人体に有害ではない気体で，空気より軽い。

(2) 一酸化炭素は，無色無臭で，人体に有害な気体である。

(3) 浮遊粉じん量は，室内空気の汚染度を示す指標の一つである。

(4) 揮発性有機化合物（VOCs）は，シックハウス症候群の主要因とされている。

▶ 流体

問1 流体に関する用語の組合せのうち，最も関係の少ないものはどれか。

(1) 表面張力 ──── レイノルズ数
(2) 圧力損失 ──── 管摩擦係数
(3) 摩擦応力 ──── 粘性係数
(4) 動圧 ─────── 速度エネルギー

問2 流体に関する記述のうち，適当でないものはどれか。

(1) 水は，一般的にニュートン流体として扱われる。
(2) 1気圧のもとで水の密度は，4℃付近で最大となる。
(3) 液体の粘性係数は，温度が高くなるにつれて減少する。
(4) 大気圧の1気圧の大きさは，概ね深さ1mの水圧に相当する。

▶ 熱

問1 熱に関する記述のうち，適当でないものはどれか。

(1) 1kgの物体の温度を1℃上げるのに必要な熱量を比熱という。

(2) 温度変化を伴わずに，物体の状態変化のみに消費される熱を顕熱という。

(3) 熱放射による熱移動には媒体を必要としない。

(4) 固体が直接気体になる相変化を昇華という。

解説

温度変化を伴わずに，物体の状態変化のみに消費される熱を潜熱といいます。　　　　　　　　　　　　　　　　　　　　　　　　　　　　▶解答（2）

問2 熱に関する記述のうち，適当でないものはどれか。

(1) 熱容量の大きい物質は，温まりにくく冷えにくい。

(2) 熱放射による熱エネルギーの伝達には，媒体が必要である。

(3) 熱は，低温の物体から高温の物体へ自然に移ることはない。

(4) 顕熱は，相変化を伴わない，物体の温度を変えるための熱である。

解説

熱放射による熱エネルギーの伝達には，媒体を必要とせず真空中でも伝わります。　　　　　　　　　　　　　　　　　　　　　　　　　　　▶解答（2）

▶ 電気

問1 電気設備に関する「機器又は方式」と「特徴」の組合せのうち，適当でないものはどれか。

<pre>
　　（機器又は方式）　　　　　　　　　　　　（特徴）
（1）進相コンデンサ ──────────── 回路の力率を改善できる。
（2）3Eリレー（保護継電器）──────── 回路の逆相（反相）を保護でき
　　　　　　　　　　　　　　　　　　　　　　る。
（3）全電圧始動（直入始動）─────── 始動時のトルクを制御できる。
（4）スターデルタ始動 ────────── 始動時の電流を抑制できる。
</pre>

解説

　全電圧始動（直入始動）は，電動機（モータ）にそのまま全電圧をかける
もので，始動時のトルクを制御できません。始動電流も定格電流値の5～7倍
程度も流れます。　　　　　　　　　　　　　　　　　　　　▶解答（3）

問2 電気工事に関する記述のうち，適当でないものはどれか。

（1）飲料用冷水機の電源回路には，漏電遮断器を設置する。
（2）CD管は，コンクリートに埋設して施設する。
（3）絶縁抵抗の測定には，接地抵抗計を用いる。
（4）電動機の電源配線は，金属管内で接続しない。

解説

　絶縁抵抗の測定には，絶縁抵抗計を用います。接地抵抗計は，接地抵抗を
測定する場合に用います。　　　　　　　　　　　　　　　　▶解答（3）

▶ 建築

問1 鉄筋コンクリート造の建築物の施工に関する記述のうち，適当でないも
　　　のはどれか。

（1）夏期の打込み後のコンクリートは，急激な乾燥を防ぐために散水による湿
　　　潤養生を行う。

(2) 型枠の存置期間は，セメントの種類や平均気温によって変わる。

(3) スランプ値が小さいほど，コンクリートの流動性が高くなる。

(4) 水セメント比が大きくなると，コンクリートの圧縮強度が小さくなる。

解説

　スランプ値とは，できたばかりの生コンクリートが30cmの高さから崩れ落ちた落差をいいます。スランプ値が小さいほど固いコンクリートであり，流動性は低くなります。　　　　　　　　　　　　　　　　　　▶解答（3）

問2 鉄筋コンクリート造の建築物の鉄筋に関する記述のうち，適当でないものはどれか。

(1) ジャンカ，コールドジョイントは，鉄筋の腐食の原因になりやすい。

(2) コンクリートの引張り強度は小さく，鉄筋の引張り強度は大きい。

(3) あばら筋は，梁のせん断破壊を防止する補強筋である。

(4) 鉄筋のかぶり厚さは，外壁，柱，梁及び基礎で同じ厚さとしなければならない。

解説

　鉄筋のかぶり厚さは，外壁，柱，梁および基礎で同じ厚さではありません。部位により，かぶり厚さは異なります。　　　　　　　　　　　　　▶解答（4）

第2章 空気調和設備

▶ 空気調和

問1 パッケージ形空気調和機に関する記述のうち，適当でないものはどれか。

(1) ガスエンジン式のものは，電動式のものに比べ，寒冷地において暖房能力が低い。

(2) 冷媒には，一般に，オゾン層破壊係数が0（ゼロ）のものが使われている。

(3) マルチパッケージ形空気調和機は，1台の室外機に対して，複数台の室内機が冷媒管で結ばれる。

(4) マルチパッケージ形空気調和機は，室内機に加湿器を組み込んだものがある。

解説

　ガスエンジン式（GHP）はガスエンジンを使って圧縮機を駆動するものであり，エンジンの排熱を暖房に利用できます。電動式（EHP）のものに比べ，寒冷地において暖房能力が高いといえます。

▶解答（1）

問2 空気調和方式に関する記述のうち，適当でないものはどれか。

(1) マルチパッケージ形空気調和機方式は，一般に，暖房時の加湿対策が別に必要となる。

(2) ダクト併用ファンコイルユニット方式は，一般に，ファンコイルユニットでペリメーター（外皮）負荷を処理する。

(3) 変風量単一ダクト方式は，一般に，室内の負荷変動に対し，変風量（VAV）ユニットにより送風量を変化させる。

(4) 定風量単一ダクト方式は，ダクト併用ファンコイルユニット方式に比べて，一般に，送風量が少なくなる。

解説

　定風量単一ダクト方式は，ダクト併用ファンコイルユニット方式に比べて，ダクト断面積が大きく，一般に，送風量が多くなります。

▶解答（4）

問3 ろ過式エアフィルタのろ材の特性として，適当でないものはどれか。

(1) 難燃性又は不燃性であること。

(2) 吸湿性が高いこと。

(3) 粉じんの保持量が大きいこと。

(4) 空気抵抗が小さいこと。

解説

　エアフィルタのろ材の性能として，難燃性または不燃性であること，粉じんの保持量が大きいこと，空気抵抗が小さいことのほか，吸湿性が低いことが求められます。　　　　　　　　　　　　　　　　　　　▶解答（2）

問4 暖房時の湿り空気線図のC点に対応する空気調和システム図上の位置として，適当なものはどれか。

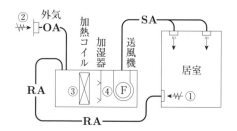

湿り空気線図　　　　　　　　　　空気調和システム図

(1) ①

(2) ②

(3) ③

(4) ④

解説

　C点は，空気Aと，Bの混合空気です。従って加熱コイル直前の③が該当します。なお，①：A，②：B，④：Eです。

　　　　　　　　　　　　　　　　　　　　　　　　　　　　　▶解答（3）

▶ 冷暖房

問1 温水暖房における膨張タンクに関する記述のうち、適当でないものはどれか。

(1) 密閉式膨張タンクは、配管系の最上部に設ける必要がある。

(2) 開放式膨張タンクに接続する膨張管は、ポンプの吸込み側の配管に接続する。

(3) 密閉式膨張タンクを用いる場合には、安全弁などの安全装置が必要である。

(4) 開放式膨張タンクは、装置内の空気抜きとして利用できる。

解説

　密閉式膨張タンクは、配管系の最上部に設ける必要はなく、任意の高さに設置できます。なお、開放式膨張タンクは、大気に開放され湯のあふれがあるため、最高位の配管系よりも2m程度高い位置に設けます。

▶解答（1）

問2 温水暖房設備の特徴に関する記述のうち、適当でないものはどれか。

(1) 配管径は、一般的に、蒸気暖房に比べて小さくなる。

(2) 室内の温度制御は、蒸気暖房に比べて容易である。

(3) ウォーミングアップにかかる時間は、蒸気暖房に比べて長い。

(4) 配管の耐食性は、一般的に、蒸気暖房に比べて優れている。

解説

　温水暖房設備は熱媒の温度が低いため、放熱器の表面積が大きくなり、配管径も蒸気暖房に比べて大きくなります。　　　　　▶解答（1）

▶ 換気・排煙

問1 換気に関する記述のうち，適当でないものはどれか。

(1) 第二種機械換気方式は，建具等からの室への空気の侵入を抑制できる。

(2) 局所換気は，汚染物質を汚染源の近くで補そく・処理するため，周辺の室内環境を衛生的かつ安全に保つうえで有効である。

(3) 温度差を利用する自然換気方式では，換気対象室のなるべく高い位置に給気口を設ける。

(4) 外気を導入し居室の換気を行う場合は，外気の二酸化炭素濃度も考慮する。

解説

　温度差を利用する自然換気方式では，換気対象室のなるべく低い位置に給気口を設け，排気口は高い位置に設けます。高低差が大きいほど，上昇気流による温度差換気が促進されます。　　　　　　　　　　　▶解答（3）

問2 床面積の合計が100m²を超える住宅の調理室に設置するこんろの上方に，下図に示すレンジフード（排気フードⅠ型）を設置した場合，換気扇等の有効換気量の最小値として，「建築基準法」上，正しいものはどれか。

ただし，K：燃料の単位燃焼量当たりの理論廃ガス量 〔m³/（kW・h）〕

　　　　Q：火を使用する設備又は器具の実況に応じた燃料消費量 〔kW〕

(1) $2KQ$ 〔m³/h〕

(2) $20KQ$ 〔m³/h〕

(3) $30KQ$ 〔m³/h〕

(4) $40KQ$ 〔m³/h〕

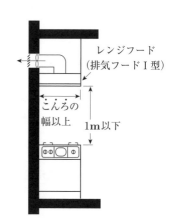

レンジフード
（排気フードⅠ型）

こんろの
幅以上

1m以下

第3章 **衛生設備**

▶ 上・下水道

問1 上水道に関する記述のうち，適当でないものはどれか。

(1) 配水管から分水栓又はサドル付分水栓により給水管を取り出す場合，他の給水管の取り出し位置との間隔を15cm以上とする。

(2) 簡易専用水道とは，水道事業の用に供する水道から供給を受ける水のみを水源とし，水の供給を受けるために設けられる水槽の有効容量の合計が10m³を超えるものをいう。

(3) 浄水施設における緩速ろ過方式は，一般的に，原水水質が良好で濁度も低く安定している場合に採用される。

(4) 給水装置とは，水道事業者の敷設した配水管から分岐して設けられた給水管及びこれに直結する給水用具をいう。

解説

　配水管から分水栓またはサドル付分水栓により給水管を取り出す場合，他の給水管の取り出し位置との間隔を30cm以上とします。

▶解答（1）

問2 下水道に関する記述のうち，適当でないものはどれか。

(1) 合流式では，大雨時に，雨水で希釈された汚水が，直接公共用水域に放流されることがある。

(2) 分流式では，降雨初期に，汚濁された路面排水が，直接公共用水域へ放流される。

(3) 排水設備のますは，排水管の長さが内径の150倍を超えない範囲内に設ける。

(4) 排水設備の雨水ますの底には，深さ15cm以上の泥溜めを設ける。

解説

　排水設備のますは曲がり部分に設けますが，直線上の箇所では，排水管の長さが内径の120倍を超えない範囲内に設けます。

▶解答（3）

▶ 給水・給湯

問1 給水設備に関する記述のうち，適当でないものはどれか。

(1) 洗面器の吐水口空間とは，付属の水栓の吐水口端とオーバーフロー口との鉛直距離をいう。

(2) 給水管に設置するエアチャンバーは，ウォータハンマ防止のために設置する。

(3) 大気圧式バキュームブレーカは，大便器洗浄弁などと組み合わせて使用される。

(4) 飲料用給水タンクの上部には，原則として，空気調和用などの用途の配管を設けない。

解説

　洗面器の場合の吐水口空間とは，付属の水栓の吐水口端と洗面器のあふれ縁との鉛直距離をいいます。オーバーフロー口との鉛直距離ではありません。

▶解答（1）

問2 給湯設備に関する記述のうち，適当でないものはどれか。

(1) 湯沸室の給茶用の給湯は，使用温度が90℃程度と高いため局所式とする。

(2) 循環式給湯方式において，浴室などへの給湯温度は，一般に，使用温度より高めの55〜60℃とする。

(3) 逃がし管は，貯湯タンクなどから単独で立ち上げ，保守用の止水弁を設けてはならない。

(4) シャワーに用いるガス瞬間湯沸器は，一般に，元止め式とする。

解説

　シャワーは，湯沸器から配管で給湯するため，シャワー室の給湯栓でバーナを点火する必要があります。ガス瞬間湯沸器は，一般に，先止め式とします。

▶解答（4）

問3 給湯設備に関する文中，［　　　］内に当てはまる数値，用語の組合せとして，適当なものはどれか。

　ガス瞬間湯沸器の能力は，一般に号数で呼ばれ，水温の上昇温度を［　A　］℃とした場合の出湯量1L/minを1号としている。

　住宅のシャワーなどへの給湯用には，［　B　］が適している。

　　　（A）　　　　　　（B）
(1) 15 ——— 元止め式
(2) 25 ——— 元止め式
(3) 15 ——— 先止め式
(4) 25 ——— 先止め式

解説

　ガス瞬間湯沸器の1号とは，1Lの水を1分間に25℃上昇させる能力をいいます。住宅のシャワーなどへの給湯用には，先止め式が適しています。先止め式は，本体から遠い風呂，台所などで給湯する方式で，元止め式は，湯沸し器本体のところで給湯の出し入れをします。

▶解答（4）

問1 排水・通気設備に関する記述のうち，適当でないものはどれか。

(1) トラップの封水は，誘導サイホン作用，自己サイホン作用，蒸発，毛管現象等により損失する場合がある。

(2) 建物内で用いられる代表的な排水通気方式には，ループ通気方式，各個通気方式，伸頂通気方式等がある。

(3) 各個通気管は，器具のトラップ下流側の排水管より取り出す。

(4) 管トラップの形式には，Sトラップ，Pトラップ，Uトラップ及びわんトラップがある。

> **解説**
>
> 管トラップの形式には，Sトラップ，Pトラップ，Uトラップがあります。これらはサイホン式トラップであり，わんトラップは管トラップではなく，非サイホン式トラップに分類されます。　　　　　　　　　　　　　▶解答（4）

問2 図に示す排水に用いられるますの名称として，適当なものはどれか。

(1) ためます

(2) ドロップます

(3) 雨水浸透ます

(4) トラップます

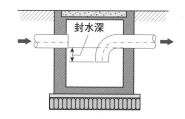

> **解説**
>
> 雨水排水に使用されるますで，流出側の配管が曲げられており，トラップ構造をしています。　　　　　　　　　　　　　　　　　　　　　▶解答（4）

▶ 消火・ガス・浄化槽

問1 屋内消火栓設備に関する記述のうち，適当でないものはどれか。

(1) 屋内消火栓設備には，非常電源を設ける。

(2) 屋内消火栓用ポンプには，その吐出側に圧力計，吸込側に連成計を設ける。

(3) 屋内消火栓箱には，ポンプによる加圧送水装置の停止用押しボタンを設ける。

(4) 加圧送水装置の種類には，高架水槽方式，圧力水槽方式，ポンプ方式がある。

解説

　屋内消火栓箱には，ポンプによる加圧送水装置の停止用押しボタンを設けることはできません。ポンプの起動は遠隔操作が可能ですが，ポンプの停止は，直接目で確認できる制御盤からの直接操作とします。

▶解答（3）

問2 ガス設備に関する記述のうち，適当でないものはどれか。

(1) 貯蔵能力1,000kg未満のバルク貯槽は，その外面から2m以内にある火気をさえぎる措置を講じ，かつ，屋外に設置する。

(2) 液化石油ガス（LPG）用のガス漏れ警報器の有効期間は，5年である。

(3) ガスの比重が1未満の場合，ガス漏れ警報設備の検知器は燃焼器等から水平距離10 m以内に設ける。

(4) パイプシャフト内に密閉式ガス湯沸器を設置する場合，シャフト点検扉等に換気口を設ける。

解説

　空気より軽いガスでは，漏れたときは天井に滞留します。ガス漏れ警報設備の検知器は燃焼器等から水平距離8m以内に設けます。

▶解答（3）

問3 FRP製浄化槽の施工に関する記述のうち，適当でないものはどれか。

(1) 槽が2槽に分かれる場合においても，基礎は一体の共通基礎とする。

(2) ブロワーは，隣家や寝室等から離れた場所に設置する。

(3) 通気管を設ける場合は，先下り勾配とする。

(4) 腐食が激しい箇所のマンホールふたは，プラスチック製等としてよい。

解説

通気管は，管内の水滴が浄化槽内に流下するように，先上り勾配とします。

▶解答 (3)

第4章 設備機器など

▶ 機材

問1 設備機器に関する記述のうち，適当でないものはどれか。

(1) 冷却塔は，冷凍機等で作る冷水を利用して冷却水の水温を下げる装置である。

(2) 遠心ポンプでは，吐出し量は羽根車の回転速度に比例して変化し，揚程は回転速度の2乗に比例して変化する。

(3) 軸流送風機は，軸方向から空気が入り，軸方向に抜けるものである。

(4) パン形加湿器は，水槽内の水を電気ヒーター等により加熱し蒸気を発生させて加湿する装置である。

解説

冷却塔は，冷凍機からの冷却水の温度を下げる装置です。水温の下がった冷却水を冷凍機に返します。

▶解答 (1)

問2 設備機器に関する記述のうち，適当でないものはどれか。

(1) 遠心ポンプでは，一般的に，吐出量が増加したときは全揚程も増加する。

(2) 飲料用受水タンクには，鋼板製，ステンレス製，プラスチック製及び木製のものがある。

(3) 軸流送風機は，構造的に小型で低圧力，大風量に適した送風機である。

(4) 吸収冷温水機は，ボイラーと冷凍機の両方を設置する場合に比べ，設置面積が小さい。

解説

遠心ポンプは，吐出量が0のとき全揚程が最大となり，吐出量が増加すると全揚程は減少します。　　　　　　　　　　　　　　　　▶解答 (1)

問3 飲料用給水タンクに関する記述のうち，適当でないものはどれか。

(1) 鋼板製タンク内の防錆処理は，エポキシ樹脂等の樹脂系塗料によるコーティングを施す。

(2) FRP製タンクは，軽量で施工性に富み，日光を遮断し紫外線にも強い等優れた特性を持つ。

(3) ステンレス鋼板製タンクを使用する場合，タンク内上部の気相部は塩素が滞留しやすいので耐食性に優れたステンレスを使用する。

(4) 通気口は，衛生上有害なものが入らない構造とし，防虫網を設ける。

解説

FRP製タンクは，軽量で施工性に富むが，日光を完全には遮断できず透過率が高いと水槽内に藻が繁殖するおそれもあります。紫外線にも強くはありません。　　　　　　　　　　　　　　　　▶解答 (2)

問1 配管材料及び配管付属品に関する記述のうち，適当でないものはどれか。

(1) 硬質ポリ塩化ビニル管は，その種類により設計圧力の範囲が異なる。

(2) 仕切弁は，玉形弁に比べて流量を調整するのに適している。

(3) 水道用硬質塩化ビニルライニング鋼管D（SGP－VD）は，地中埋設配管に用いられる。

(4) 定水位調整弁は，受水タンクへの給水に使用される。

解説

　玉形弁は流量を調整するのに適した弁ですが，仕切弁は全開または全閉で使用します。流量調節には適していません。　　　　　　　　　　▶解答（2）

問2 弁に関する記述のうち，適当でないものはどれか。

(1) 仕切弁は，玉形弁に比べ，全開時の圧力損失が少ない。

(2) 玉形弁は，仕切弁に比べ，流量を調整するのに適している。

(3) 逆止め弁は，チャッキ弁とも呼ばれ，スイング式やリフト式がある。

(4) バタフライ弁は，仕切弁に比べ，取付けスペースが大きい。

解説

　バタフライ弁は，円板状の弁体が回転することで開閉する弁であり，仕切弁に比べ，取付けスペースが小さい弁です。　　　　　　　　　　▶解答（4）

問3 ダクト及びダクト附属品に関する記述のうち，適当でないものはどれか。

(1) 長方形ダクトの板厚は，ダクトの周長により決定する。

(2) 長方形ダクトのアスペクト比（長辺／短辺）は，原則として4以下とする。

(3) フレキシブルダクトは，一般的に，ダクトと吹出口等との接続用として用

いられる。

(4) 変風量ユニットは，室内の負荷変動に応じて風量を変化させるものである。

解説

長方形ダクトの板厚は，ダクトの周長ではなく長辺の長さによって決定します。　　　　　　　　　　　　　　　　　　　　　　　▶解答 (1)

問4 ダクト及びダクト付属品に関する記述のうち，適当でないものはどれか。

(1) 長方形ダクトの空気の漏えい量を少なくするためには，フランジ部，はぜ部などにシールを施す。

(2) スパイラルダクトの接続には，差込み継手又はフランジ継手を用いる。

(3) ダクト系の風量バランスをとるため，一般に，主要な分岐ダクトには風量調整ダンパーを取り付ける。

(4) エルボの圧力損失は，曲率半径が大きいほど増大する。

解説

曲率半径が大きいことは，曲げが緩やかであることを意味します。したがって，曲率半径が大きいほど空気の流れは円滑でエルボの圧力損失も減少します。　　　　　　　　　　　　　　　　　　　　　　▶解答 (4)

▶ 設計図書

問1 「設備機器」と「設計図書に記載する項目」の組合せのうち，適当でないものはどれか。

　　　（設備機器）　　　　　　　　（設計図書に記載する項目）
(1) 空気熱源ヒートポンプユニット ——— 冷温水出入口温度
(2) 送風機 ————————————— 初期抵抗

(3) 冷却塔 ————————————— 騒音値

(4) 瞬間湯沸器 ————————————— 号数

解説

　初期抵抗はエアフィルタの仕様であり，送風機は呼び番号（＃）などが設計図書に記載する項目です。　　　　　　　　　　　　　　▶解答（2）

問2　次の書類のうち「公共工事標準請負契約約款」上，設計図書に含まれないものはどれか。

(1) 現場説明に対する質問回答書

(2) 実施工程表

(3) 仕様書

(4) 設計図面

解説

　公共工事標準請負契約約款において，設計図書に含まれないものは実施工程表です。実施工程表は受注者が作成するものです。

　　　　　　　　　　　　　　　　　　　　　　　　　　▶解答（2）

第5章 **施工管理法**

▶ 施工計画

問1　公共工事の施工計画等に関する記述のうち，適当でないものはどれか。

(1) 工事に使用する資機材は，石綿を含有しないものとする。

(2) 仮設計画は，設計図書に特別の定めがない場合，原則として請負者の責任において定める。

(3) 現場説明書と質問回答書の内容に相違がある場合は，現場説明書の内容が

優先される。

(4) 工事写真は，後日の目視検査が容易でない箇所のほか，設計図書で定められている箇所についても撮影しなければならない。

解説

現場説明書と質問回答書の内容に相違がある場合は，質問回答書の内容が優先されます。優先順位は，質問回答書，現場説明書，特記仕様書，図面，標準仕様書です。 ▶解答（3）

問2 公共工事における施工計画に関する記述のうち，適当でないものはどれか。

(1) 施工計画書として，総合施工計画書と工種別の施工計画書を作成する。

(2) 着工前業務として，工事組織の編成，実行予算書の作成，工程・労務計画等の作成がある。

(3) 施工計画書は，作業者に指示する品質計画などを示すものであり，監督員の承諾を必要としない。

(4) 仮設計画は，設計図書に特別の定めがない場合，原則として，請負者の責任において定めてもよい。

解説

施工計画書は，監督員の承諾を必要とします。計画を途中で変更した場合も承諾を得ます。 ▶解答（3）

▶ 工程管理

問1 設備工事における工程管理に関する記述のうち，適当でないものはどれか。

(1) 設備工事の総合工程表は，建築工事の工程との調整を図るため，建築工事の工程表を十分に検討した上で作成する。

(2) 機器類の搬入時期は，搬入口，搬入経路等の工事の工程や機器類搬入後の

関係工事の工程を考慮して決定する。

(3) 工程計画を立案する際は，工事着工前の官公署への届出や工事施工完了後の後片付けも工程に組み入れる。

(4) 試運転調整は，給排水本管接続工事や受電の前に完了できるように，開始時期を決定する。

問2　図に示すネットワーク工程表に関する記述のうち，適当でないものはどれか。

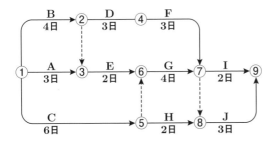

(1) 作業Gは，作業Eと作業Cが完了していなければ開始できない。

(2) 作業C，作業D及び作業Eは，並行して行うことができない。

(3) 作業Jは，作業Hが完了していても，作業G，作業Fが完了していなければ開始できない。

(4) クリティカルパスの所要日数は，13日である。

作業C，作業Dおよび作業Eは，5日目から並行して行うことができます。

▶解答（2）

▶ 品質管理

問1 品質を確認するための検査に関する記述のうち，適当でないものはどれか。

(1) 抜取検査には，計数抜取検査と計量抜取検査がある。

(2) 品物を破壊しなければ検査の目的を達し得ない場合は，全数検査を行う。

(3) 不良品を見逃すと人身事故のおそれがある場合は，全数検査を行う。

(4) 抜取検査では，ロットとして，合格，不合格が判定される。

品物を破壊しなければ検査の目的を達し得ない場合は，全数検査を行うことはできません。すべて破壊しては商品として売り物にならなくなります。このような場合は，抜取検査とします。

▶解答（2）

▶ 安全管理

問1 建設工事における安全管理に関する記述のうち，適当でないものはどれか。

(1) 熱中症予防のための指標として，気温，湿度及び輻射熱に関する値を組み合わせて計算する暑さ指数（WBGT）がある。

(2) 回転する刃物を使用する作業では，手が巻き込まれるおそれがあるので，手袋の使用を禁止する。

(3) 労働者が，就業場所から他の就業場所へ移動する途中で被った災害は，通勤災害に該当しない。

(4) ツールボックスミーティングとは，関係する作業者が作業開始前に集ま

り，その日の作業，安全等について話合いを行うことである。

　労働者が，就業場所から他の就業場所へ移動する途中で被った災害は，自宅から職場に通勤するときと同様に通勤災害に該当します。

▶解答（3）

問2 工事現場の安全管理に関する記述のうち，「労働安全衛生法」上，誤っているものはどれか。

(1) 高さが2mとなる作業床は，幅を30cmとし，床材間のすき間がないように設置した。

(2) 折りたたみ式脚立は，脚と水平面との角度を75度とし，その角度を保つための金具を備えたものを使用させた。

(3) 移動はしごは，幅を30cmとし，すべり止め装置を設けた。

(4) 高さが2mの箇所の作業で，作業床に手すり等を設けることが著しく困難なため，防網を張り，作業者に安全帯を使用させた。

解説
　高さが2mとなる一般の作業床は，幅を40cm以上とし，床材間のすき間は3cm以下となるように設置します。
▶解答（1）

問1 機器の据付けに関する記述のうち，適当でないものはどれか。

(1) 冷凍機の据付けにあっては，凝縮器のチューブ引出し用として，有効な空間を確保する。

(2) 遠心送風機の据付けにあっては，レベルを水準器で検査し，水平が出ていない場合は基礎と共通架台の間にライナーを入れて調整する。

(3) 壁掛け形ルームエアコンの取付けにあっては，内装材や下地材に応じて補強を施す。

(4) 地上設置のポンプの吸込み管は，ポンプに向かって下がり勾配とする。

解説

　ポンプの吸込み管が下がり勾配であると，配管上部に空気溜りができ，ポンプが空気を吸引するため，揚水高さが不十分となります。ポンプに向かって上がり勾配とします。　　　　　　　　　　　　　　　　　　　▶解答（4）

問2 配管の施工に関する記述のうち，適当でないものはどれか。

(1) 配管用炭素鋼鋼管のねじ加工後，ねじ径をテーパねじ用リングゲージで確認した。

(2) 一般配管用ステンレス鋼鋼管の接合は，メカニカル接合とした。

(3) 水道用硬質塩化ビニルライニング鋼管の切断に，パイプカッターを使用した。

(4) 水道用硬質ポリ塩化ビニル管の接合は，接着（TS）接合とした。

解説

　水道用硬質塩化ビニルライニング鋼管にパイプカッターを使用すると，内部の塩化ビニルにめくれ等が生じます。　　　　　　　　　　　　　▶解答（3）

問3 保温，保冷，塗装等に関する記述のうち，適当でないものはどれか。

(1) 冷温水配管の吊りバンドの支持部には，合成樹脂製の支持受けを使用する。

(2) 天井内に隠ぺいされる冷温水配管の保温は，水圧試験後に行う。

(3) アルミニウムペイントは，蒸気管や放熱器の塗装には使用しない。

(4) 塗装場所の相対湿度が85％以上の場合，原則として，塗装を行わない。

解説

アルミニウムペイントは，蒸気管や放熱器の塗装には使用することができます。　　　　　　　　　　　　　　　　　　　　　　　　　　　　▶解答（3）

問4 JISで規定されている配管系の識別表示について，管内の「物質等の種類」とその「識別色」の組合せのうち，適当でないものはどれか。

（物質等の種類）　　　　　　（識別色）

(1) 蒸気 —————— 青

(2) 油 —————— 茶色

(3) ガス —————— うすい黄

(4) 電気 —————— うすい黄赤

解説

蒸気は暗い赤色で，水色は水配管に表示します。

　　　　　　　　　　　　　　　　　　　　　　　　　　　　▶解答（1）

問5 ダクトの施工に関する記述のうち，適当でないものはどれか。

(1) 送風機の吐出口の断面からダクトの断面への変形は，15度以内の漸拡大とする。

(2) 補強リブは，ダクトの板振動を防止するために設ける。

(3) 防火ダンパーを天井内に取り付ける場合，点検口を設けなければならない。

(4) 防火区画と防火ダンパーの間のダクトは，厚さが1.2mm以上の鋼板製とする。

解説

防火区画と防火ダンパーの間のダクトは，厚さが1.5mm以上の鋼板製とします。　　　　　　　　　　　　　　　　　　　　　　　▶解答 (4)

第6章 法規

▶ **労働安全衛生法**

問1 建設工事の作業所における安全衛生管理に関する記述のうち，「労働安全衛生法」上，誤っているものはどれか。

(1) 事業者は，労働者の作業内容を変更したときは，当該労働者に対し，その従事する業務に関する安全又は衛生のための教育を行わなければならない。

(2) 事業者は，移動はしごを使用する場合，はしごの幅は30cm以上のものでなければ使用してはならない。

(3) 事業者は，可燃性ガス及び酸素を用いて行う金属の溶接，溶断又は加熱の業務に使用するガス等の容器の温度を40度以下に保たなければならない。

(4) 事業者は，酸素欠乏危険作業に労働者を従事させる場合は，当該作業を行う場所の空気中の酸素の濃度を15%以上に保つように換気しなければならない。

　酸素欠乏とは，空気中の酸素濃度が18%未満の状態をいいます。当該作業を行う場所の空気中の酸素の濃度を18%以上に保つように換気しなければなりません。空気中の酸素濃度はおよそ21%なので，できるだけそれに近づけてから，作業します。　　　　　　　　　　　　　　　　▶解答 (4)

問2 墜落等による危険を防止するため，高さが2m以上の箇所の作業で，事業者が行う措置として，「労働安全衛生法」上誤っているものはどれか。

(1) 原則として，足場を組み立てる等の方法により作業床を設ける。
(2) 労働者に墜落制止用器具を使用させるときは，墜落制止用器具を安全に取り付けるための設備等を設ける。
(3) 強風大雨，大雪等の悪天候のため，作業の実施に危険が予想されるときは，監視員を置く。
(4) 当該作業を安全に行うために必要な照度を保持する。

　強風大雨，大雪等の悪天候のため，作業の実施に危険が予想されるときは，監視員を置いても，墜落制止用器具を使用しても作業を続行することはできません。作業を中止します。　　　　　　　　　　　　　　　▶解答 (3)

問3 建設工事現場における次の業務のうち，「労働安全衛生法」上，特別の教育を受けただけではつかせることができないものはどれか。

(1) つり上げ荷重が1トン未満の移動式クレーンの運転の業務
(2) 可燃性ガス及び酸素を用いて行なう金属の溶接，溶断の業務
(3) 建設用リフトの運転の業務
(4) つり上げ荷重が1トン未満の移動式クレーンの玉掛けの業務

解説

可燃性ガスおよび酸素を用いて行う金属の溶接，溶断の業務は，特別の教育を受けただけではつかせることができず，技能講習を修了した者であることが必要です。　　　　　　　　　　　　　　　　　　　　　▶解答（2）

▶ 建築基準法

問1 建築の用語に関する記述のうち，「建築基準法」上，誤っているものはどれか。

（1）工場は，特殊建築物である。
（2）建築物に設ける避雷針は，建築設備である。
（3）最下階の床は，主要構造部である。
（4）ガラスは，不燃材料である。

解説

床は主要構造部ですが，最下階の床だけは，主要構造部から除外されています。　　　　　　　　　　　　　　　　　　　　　　　▶解答（3）

問2 建築物に関する記述のうち，「建築基準法」上，誤っているものはどれか。

（1）建築基準法は，建築物の敷地，構造，設備及び用途に関する最低の基準を定めている。
（2）建築物に設ける避雷針は，建築設備である。
（3）熱源機器の過半を更新する工事は，大規模の修繕である。
（4）コンクリートとガラスは，いずれも耐水材料である。

　大規模の修繕とは，主要構造部における過半の修繕をいいます。熱源機器は主要構造部に該当せず，過半の更新工事であっても大規模の修繕には該当しません。　　　　　　　　　　　　　　　　　　　　　　　　　　　▶解答（3）

▶ 建設業法

問1　建設業の許可に関する文中，[　　　]内に当てはまる金額と用語の組合せとして，「建設業法」上，正しいものはどれか。

　管工事業を営もうとする者は，工事1件の請負代金の額が[　A　]に満たない工事のみを請負おうとする場合を除き，建設業の許可を受けなければならない。

　また，建設業の許可は，2以上の都道府県の区域内に営業所を設けて営業をしようとする場合は，[　B　]の許可を受けなければならない。

　　　　　　（A）　　　　　　　　　　　（B）
（1）　500万円 ──────── 当該都道府県知事
（2）　500万円 ──────── 国土交通大臣
（3）　1,000万円 ────── 当該都道府県知事
（4）　1,000万円 ────── 国土交通大臣

　管工事業を営もうとする者は，工事1件の請負代金の額が500万円に満たない工事のみを請負おうとする場合を除き，建設業の許可を受けなければなりません。また，建設業の許可は，2以上の都道府県の区域内に営業所を設けて営業をしようとする場合は，国土交通大臣の許可を受けます。各都道府県知事の許可ではありません。　　　　　　　　　　　　　　　　　　▶解答（2）

問2 建設業の許可を受けた建設業者が，現場に置く主任技術者等に関する記述のうち，「建設業法」上，誤っているものはどれか。

(1) 主任技術者は，当該建設工事の施工計画の作成，工程管理，品質管理その他の技術上の管理及び当該建設工事の施工に従事する者の技術上の指導監督の職務を誠実に行わなければならない。

(2) 工事現場における建設工事の施工に従事する者は，主任技術者又は監理技術者がその職務として行う指導に従わなければならない。

(3) 発注者から直接建設工事を請け負った特定建設業者は，その工事の下請契約の請負代金の総額が一定額以上の場合，主任技術者の代わりに監理技術者を置かなければならない。

(4) 主任技術者は，請負契約の履行を確保するため，請負人に代わって工事の施工に関する一切の事項を処理しなければならない。

解説

主任技術者の職務は，施工計画の作成，工程管理，品質管理，その他技術上の管理，および施工に従事する者の技術上の指導監督です。

請負人に代わって工事の施工に関する一切の事項を処理するものではありません。　　　　　　　　　　　　　　　　　▶解答（4）

▶ 消防法ほか

問1 次の消防用設備等のうち，「消防法」上，非常電源を附置することが定められていないものはどれか。

(1) スプリンクラー設備

(2) 屋内消火栓設備

(3) 泡消火設備

(4) 連結散水設備

問2 休憩時間に関する文中，[　　　]内に当てはまる語句の組合せとして，「労働基準法」上，正しいものはどれか。

　使用者は，労働時間が[　A　]を超える場合においては少くとも45分，[　B　]を超える場合においては少くとも1時間の休憩時間を労働時間の途中に与えなければならない。

　　　　　（A）　　　　　　　（B）
(1)　4時間 —————— 6時間
(2)　4時間 —————— 8時間
(3)　6時間 —————— 8時間
(4)　6時間 —————— 10時間

問3 廃棄物の処理に関する記述のうち，「廃棄物の処理及び清掃に関する法律」上，誤っているものはどれか。

(1)　産業廃棄物の運搬又は処分の委託契約は，必ず書面で行わなければならない。
(2)　建設業に係る工作物の新築に伴って生じた紙くずは，一般廃棄物である。
(3)　建設業に係る工作物の除去に伴って生じた木くずは，産業廃棄物である。
(4)　事業活動に伴って生じた産業廃棄物は，事業者が自ら処理しなければなら

ない。

▶ 能力問題

問1 公共工事における施工計画に関する記述のうち，適当でないものはどれか。適当でないものは二つあるので，二つとも答えなさい。

(1) 施工計画書は，作業員に工事の詳細を徹底させるために使用されるもので，監督員の承諾は必要ない。

(2) 工事に使用する機材は，設計図書に特別の定めがない場合は新品とするが，仮設材は新品でなくてもよい。

(3) 着工前業務には，工事組織の編成，実行予算書の作成，工程・労務計画の作成などがある。

(4) 設計図書の中にくい違いがある場合，現場代理人の責任で対応方法を決定し，その結果を記録に残す。

解説

(1) 施工計画書は，監督員の承諾を必要とします。

(4) 設計図書の中にくい違いがある場合，現場代理人の一存で決めるのではなく，発注者側の監督員と協議します。

▶解答（1），（4）

問2 工程表に関する記述のうち，適当でないものはどれか。適当でないものは二つあるので，二つとも答えなさい。

(1) ネットワーク工程表は，各作業の現時点における進行状態が達成度により

把握できる。

(2) バーチャート工程表は，ネットワーク工程表に比べて，各作業の遅れへの対策が立てにくい。

(3) 毎日の予定出来高が一定の場合，バーチャート工程表上の予定進度曲線はS字形となる。

(4) ガントチャート工程表は，各作業の変更が他の作業に及ぼす影響が不明という欠点がある。

解説

(1) ネットワーク工程表は，各作業の現時点における進行状態が達成度により把握できません。各作業の進行状態の達成度の把握は，ガントチャートで行います。

(3) 毎日の予定出来高が一定の場合，バーチャート工程表上の予定進度曲線はS字形でなく直線になります。　　　　　　　　　　　　　▶解答 (1), (3)

問3 工程表に関する記述のうち，適当でないものはどれか。適当でないものは二つあるので，二つとも答えなさい。

(1) ガントチャート工程表は，現時点における各作業の進捗状況が容易に把握できる。

(2) バーチャート工程表は，ネットワーク工程表に比べ，工程が複雑な工事に適している。

(3) バーチャート工程表は，ガントチャート工程表に比べ，作業間の作業順序が分かりやすい。

(4) ネットワーク工程表は，ガントチャート工程表に比べ，工事途中での計画変更に対処しにくい。

(2) バーチャート工程表は，ネットワーク工程表に比べ，工程が複雑な工事に適していません。

(4) ネットワーク工程表は，工事途中での計画変更に対処しやすい工程表です。　　　　　　　　　　　　　　　　　　　　　　▶解答 (2)，(4)

問4 配管及び配管附属品の施工に関する記述のうち，適当でないものはどれか。適当でないものは二つあるので，二つとも答えなさい。

(1) 飲料用タンクに設ける間接排水管の最小排水口空間は，100mmとする。

(2) フレキシブルジョイントは，温水配管の熱収縮を吸収するために使用する。

(3) 給水栓には，クロスコネクションが起きないように吐水口空間を設ける。

(4) 鋼管のねじ接合においては，余ねじ部に錆止めペイントを塗布する。

(1) 飲料用タンクに設ける間接排水管の最小排水口空間は，150mmです。

(2) フレキシブルジョイントは，可とう管継手であり，振動や外力の加わる箇所に設けます。温水配管の熱収縮を吸収するために使用するのは，伸縮管継手です。　　　　　　　　　　　　　　　　　　▶解答 (1)，(2)

問5 機器の据付けに関する記述のうち，適当でないものはどれか。適当でないものは二つあるので，二つとも答えなさい。

(1) ユニット形空気調和機の基礎の高さは，ドレンパンからの排水に空調機用トラップを設けるため150mm程度とする。

(2) 冷却塔を建物の屋上に設置する場合は，防振装置を取り付けてはならない。

(3) 冷凍機に接続する冷水，冷却水の配管は，荷重が直接本体にかからないようにする。

(4) 排水用水中モーターポンプは，ピットの壁から50mm程度離して設置する。

(2) 冷却塔は送風機を内蔵しているので振動があります。建物の屋上に設置する場合は，防振装置を取り付けます。

(4) 排水用水中モーターポンプは，ピットの壁から200mm以上離して設置します。
▶解答 (2)，(4)

問6 機器の据付けに関する記述のうち，適当でないものはどれか。適当でないものは二つあるので，二つとも答えなさい。

(1) 壁掛け小便器を軽量鉄骨ボード壁に取り付ける場合，小便器のバックハンガーは，下地材を避けて仕上げボードにビス止めする。

(2) 高置タンクの架台の高さが2mを超える場合，架台の昇降タラップには転落防止用の防護柵を設置する。

(3) 飲料用受水タンクの上部には，排水再利用設備や空気調和設備の配管等，飲料水以外の配管は通さないようにする。

(4) 硬質ポリ塩化ビニル管を横走り配管とする場合，管径の大きい鋼管から吊りボルトで吊ることができる。

(1) 壁掛け小便器を軽量鉄骨ボード壁に取り付ける場合，小便器のバックハンガーは，下地材に補強板を取り付けて固定します。

(4) 硬質ポリ塩化ビニル管を横走り配管とする場合，上部にある配管から吊ること（共吊り）はできません。
▶解答 (1)，(4)

第1章

設備図と施工

1 設備図 ・・・・・・・・・・・・・・・・・・・・・・ 294

2 施工 ・・・・・・・・・・・・・・・・・・・・・・・・・ 314

設備図

☐ 管のテーパーねじ切り
　ねじゲージにより適否を確認

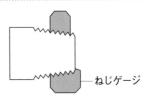

ねじゲージ

☐ ねじ込み式排水管用継手（ドレネージ継手）
　継手と排水管ねじ切り部との
　段差を抑え，固形物の滞留を防止

リセス
肩
リセス

☐ ループ通気管
　最上流機器の下流から
　　150mm以上立ち上げ

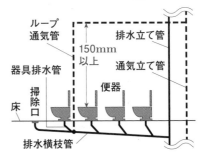

ループ
通気管
排水立て管
150mm
以上
器具排水管
通気立て管
掃除口
便器
床
排水横枝管

☐ 防火区画の貫通
　●防火ダンパー
　　：吊りボルトなどで固定
　●貫通部：不燃材を充填
　●鉄板厚：1.5mm以上

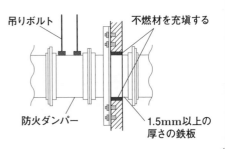

吊りボルト
不燃材を充塡する
防火ダンパー
1.5mm以上の
厚さの鉄板

管

1 施工

管を施工するときには，給水管の分岐，テーパーねじの加工，管の保温について注意します。

①給水管の分岐

図1のようなＴ字分岐を撞木配管といいます。Ｔ字分岐部で主流が左右に直角に振り分けられるとき，主流が壁にぶつかるため，主流に対する反流により管の摩擦抵抗が大きくなり，なめらかな分流が阻害されます。

Ｔ字分岐は，図2のように，主流に対してその一部を引き抜く場合に用います。この場合は主流を阻害する流れはなく，なめらかな流れになります。

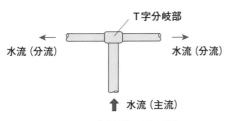

図1　Ｔ字分岐の悪い例

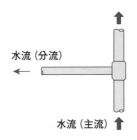

図2　Ｔ字分岐の良い例

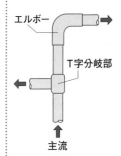

②テーパーねじの加工

　管のテーパーねじ切りは，ねじゲージにより適否を確認します。ねじ
ゲージは手で締め込みます。パイプレンチのような工具を使用すると過大
な力が加わるので避けます。図1のように，ねじゲージの面a，面bとも管
端より奥に入るのは細ねじです。逆に，図2のように両面が管端より先に
あると太ねじです。図3のように管端よりも面aが出て，面bが奥にあるの
が適正です。

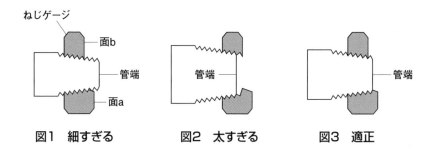

図1　細すぎる　　　**図2　太すぎる**　　　**図3　適正**

③管の保温

　冷温水管は冷水や温水を流します。冷水のときは水温の上昇，温水のと
きは水温の下降を避ける必要があります。いずれの場合も，管からの熱の
出入りを少なくするため，断熱材を巻きます。

　冷温水管の断熱施工は，次の図のように，管を保温筒で包み，鉄線で留
めます。その上にポリエチレンフィルム，麻布を巻き，ステンレス板で外
装します。

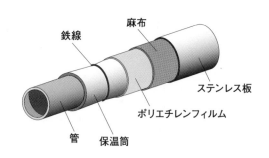

2 管継手

管継手は，管と管を接合するときに用いる部材のことで，単に継手ともいいます。管継手は管内を流れる流体が漏れることなく，かつ摩擦損失の少ないことが必要です。管の途中にストレーナを設けることもあります。使用目的により，次のような管継手があります。

①防振継手

ポンプなどの振動機器が，それにつながる配管に大きな振動を伝えないようにするため設置します。ポンプに近い，流入管と流出管の両方に設けます。機器の振動を防振性のある合成ゴムなどで吸収します。

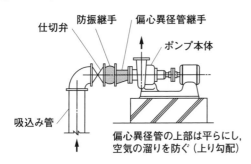

仕切弁　防振継手　偏心異径管継手
ポンプ本体
吸込み管
偏心異径管の上部は平らにし，
空気の溜りを防ぐ（上り勾配）

②可とう管継手（フレキシブルジョイント）

管の途中に設け，管の破損を防止する可とう性のある継手です。地震などの力を受けた場合に，可とう管継手は自ら曲がり，管にかかる力を減らします。

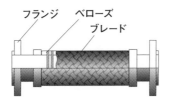

フランジ　ベローズ
ブレード

補足

ねじゲージ
切削したねじの良否を判定するための測定用品です。

細ねじ，太ねじ
細ねじはねじの切り過ぎで管が細くなっているもので，太ねじはその逆です。

ポリエチレンフィルム
薄くて透湿防止効果があります。

ストレーナ
配管中のゴミや鉄くずなどを阻集します。正しい取付方法は下図のとおりです。

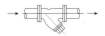

可とう性
力を加えると曲がり，たわむ性質です。

ベローズ
蛇腹状のことです。

ブレード
帯状の板を編んだもので，ベローズを保護します。

ただし，継手軸と直角方向の変位を吸収するので，可とう管継手2個を直角に設けます。

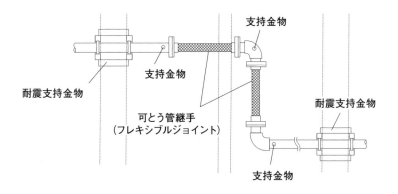

③伸縮継手

　蒸気管など温度の高くなる管は，伸縮が大きくなるため，管の途中に伸縮継手を入れて管軸方向の伸縮を吸収します。

　片側の管のみの伸縮を吸収する単式伸縮継手（図1）と，両側の管の伸縮を吸収できる複式伸縮継手（図2）があり，ガイドや管をアングル（山形鋼）などでスラブ（床版）に固定します。

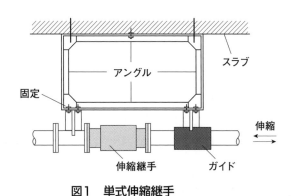

図1　単式伸縮継手

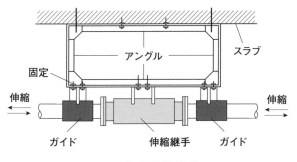

アングル

スラブ

固定

伸縮

ガイド　　伸縮継手　　ガイド

図2　複式伸縮継手

補足

スラブ
一般に，コンクリート
でできた床のことをい
います。

過去問にチャレンジ！

問1　　　　　　　　　　　　　　難　中　易

図は単式伸縮継手の施工要領図である。不適当な理由または改善策を
答えなさい。

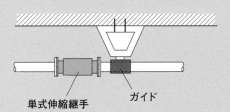

単式伸縮継手　　ガイド

解説

単式伸縮継手なので，片側（上図の場合は右側）の管の伸縮のみを吸収でき
ます。この場合ガイドが必要です。継手本体は固定せず，左側の管を固定しま
す。

解答例　ガイドと反対側の管をアングル（山形鋼）でスラブ（床版）
に固定する。

配管の支持と貫通

1 配管の支持

配管の支持には，次のような方法があります。

①共吊り

上部にある管から，下部にある管を吊って固定することを共吊りといいます。上部にある他の管から吊ると，上の管に下の管の重みがかかるので，共吊り配管は避けます。

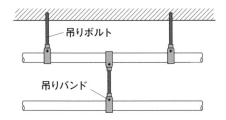

それぞれの管をスラブから吊るか，または次の図のようにアングルからそれぞれ吊る（左図）か，アングルの上に管を固定します（右図）。

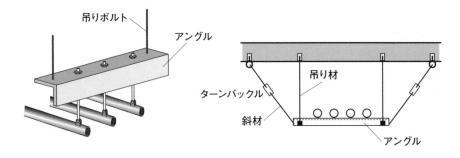

②合成樹脂製支持受け付きUバンド

管内の流体温度が低い場合，管をそのままUバンドでアングルなどに固定すると，管に結露が生じるおそれがあります。そのため，直にUバンド

で固定するのではなく，その間に合成樹脂性の支持受けを用います。合成樹脂は熱伝導率が小さいので，Uバンドや支持金具の結露を防止できます。

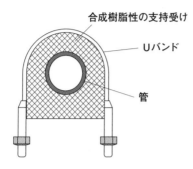

合成樹脂性の支持受け
Uバンド
管

補足

Uバンド
U字形の材料で，管を押さえるのに使用します。

熱伝導率
熱の伝わりやすさの割合で，物質により数値が異なります。熱伝導率が大きいと，すぐに熱が伝わります。熱伝導率が小さいと，断熱材のように熱をほとんど伝えません。

異種金属接触腐食
2種類の金属を接触させると，片方の金属が腐食します。

③絶縁材付き鋼製吊りバンド

　銅管やステンレス管を鋼製吊りバンドで直に吊ると，異種金属接触腐食が起こり錆が出ます。したがって，絶縁材付きの鋼製吊りバンドを用いて，管と鋼製吊りバンドが接触しないようにします。

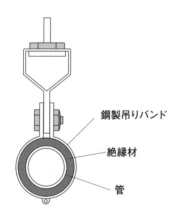

鋼製吊りバンド
絶縁材
管

④冷媒配管の支持

　冷媒配管を上部から吊って支持する場合，管の自重により断熱材がへこんで厚みが減少すると断熱効果が落ちるため，次の方法で対策をします。

● 断熱接着テープを巻く

図のように，断熱接着テープ（補修テープ）を断熱材の上から2層以上巻き，支持金具の断熱材への食い込みを少なくします。テープを巻く範囲は，支持金具を中心に左右約10cmです。

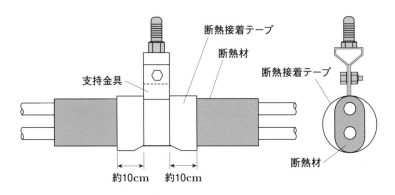

● 保護プレートを敷く

面の広い保護プレートの上に断熱材を巻いた冷媒管を載せて支持するので，断熱材のへこみが防げます。

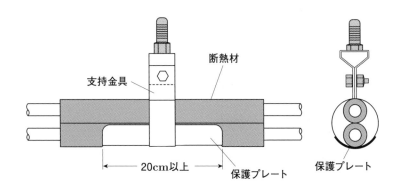

断熱材として使用されるポリスチレンフォームは，経年劣化により肉厚が薄くなるので，上記のいずれかで施工します。

2 貫通処理

管が壁や床を貫通するとき，すき間をそのままにすると，管に結露が発生するなどの不具合を起こします。そこで適切な穴埋め処理を行い，この処理を貫通処理といいます。

①冷温水管の床下貫通

下図のように冷温水管が床下を貫通する場合，床の貫通部周囲にも**断熱材**を施す必要があります。貫通部分に断熱材を施さないと，冷温水管に結露が発生するおそれがあります。太めの**スリーブ**を用いて貫通口を開け，冷温水管全体にグラスウール保温材を巻きます。スリーブとの間にすき間ができたら，モルタルなどの**不燃材**を詰めておきます。

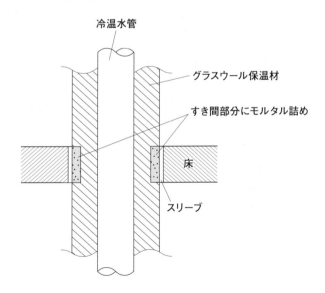

冷温水管

グラスウール保温材

すき間部分にモルタル詰め

床

スリーブ

②配管の屋上部貫通

屋上パラペット部の貫通部はスリーブで抜き，管と

のすき間にシーリング材で**防水処理**を行います。防水性を高めるため，つば付き鋼管スリーブを使用することもあります。

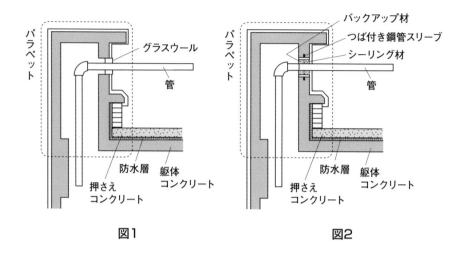

図1   図2

上の図1はパラペットを貫通する設備配管のすき間をグラスウールで部分的に充填しているだけです。グラスウールは水に濡れると断熱効果は低くなります。

したがって，図2のように貫通部につば付き鋼管スリーブを用い，シーリング材で防水処理をします。また，バックアップ材とは，シーリング材の節約のため，深さを浅くする目的で使用する合成樹脂系の発泡材です。

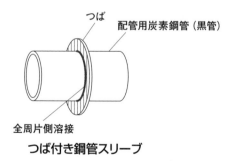

つば付き鋼管スリーブ

なお，つば付き鋼管スリーブは上図のような形で，外周に設けたつばにより，地中の外壁貫通部において周囲からの**漏水**を**防止**します。

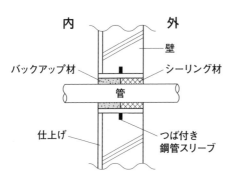

シーリング材
すき間に充塡するゴム状の材料で，水密性を確保する防水材料です。

過去問にチャレンジ！

問1 　　　　　　　　　　　　　　　難　**中**　易

下図において，改善すべき理由または改善策を答えなさい。

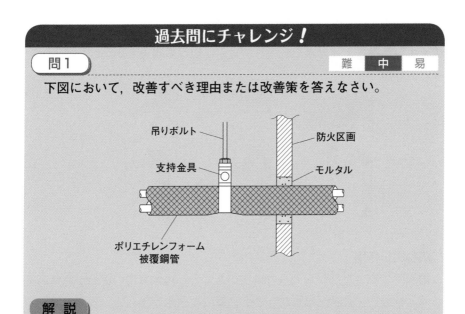

解　説

　防火区画はポリエチレンフォームが施されているので，断熱上問題はありません。ポリスチレンフォームは経年劣化により，へこみが見られるようになるので，対処が必要です。

解答例　ポリエチレンフォームのへこみを防止するため，吊りボルトを中心に左右10cm程度，補修テープとして断熱接着テープを２回以上巻く。
※「保護プレートを受け皿とし，吊り荷重を分散させる」でも正解です。

排水・通気

1 トラップの封水切れ

　トラップの封水（トラップ内の溜まり水）が切れる現象には，次のようなものがあります。

①自己サイホン作用

　洗面器を満水状態にして栓を抜くと，水が排水管を流下し，器具自身のサイホン作用により封水を吸引して封水が切れる現象です。

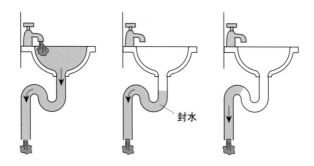

封水

②跳ね出し作用

　排水立て管の上部から大量の排水があると，排水管内の圧力が急に高くなり，横管が水に押し出されることによって封水が跳ね出す現象です。

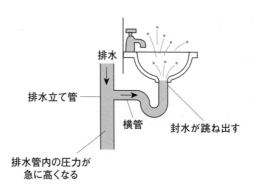

排水

排水立て管

横管

封水が跳ね出す

排水管内の圧力が
急に高くなる

③吸い出し作用

　排水立て管内に大量の排水があると，排水管上部の空気が吸引され圧力が減少します。このとき，圧力が急に低くなったことで，封水が吸い出される現象です。

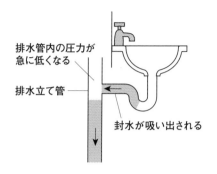

排水管内の圧力が
急に低くなる

排水立て管

封水が吸い出される

　そのほかの封水切れとして，蒸発や毛細管現象によって封水が切れるものがあります。

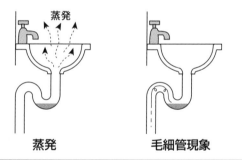

蒸発

蒸発　　　　　　　　毛細管現象

2 排水管用の継手

　一般配管用の継手は，P.308の図１のように管と継手に多少段差があってもかまいませんが，排水管は半固形物の流通があるため，段差があるとその部分に半固形物が滞留し，流れが阻害されるおそれがあります。したがって図２のように段差のないものが必要です。これをねじ込み式排水管用継手（ドレネージ継手）といいます。図３のように，肩とリセス（窪んだところ）

補足

トラップ
防臭，防虫の目的で排水管の途中に設けます。ダブルトラップは禁止です（下図）。ドラムトラップを外します。

洗面器

ドラムトラップ

サイホン作用
負圧により，水がいったん高い位置に上がってから流下する現象です。

蒸発
水が蒸気となって空気中に放散することです。

毛細管現象
水などが，細い管やすき間を上がっていく現象です。

半固形物
液体と固体の両方の性状をもち，固体に近い半流動体をいいます。ここでは大便を意味しています。

ドレネージ継手
排水用の継手で，内面に段差がないようになっています。

のある継手です。

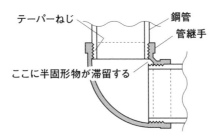

図1　一般配管用継手

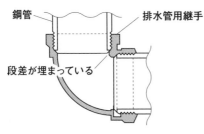

図2　排水管用継手

図3　継手の肩とリセス

3 ループ通気管

　通気管の主目的は封水切れを防ぐことです。通気の方法（やり方）には
いくつかありますが，ループ通気管の方式は，日本国内でもっとも多く採
用されています。

　ループ通気管は図のよう
に，最上流の便器の器具排
水管と，排水横枝管が合流
したすぐ下流から立ち上げ
ます。このとき，便器のあ
ふれ縁からループ通気管の
立ち上げ高さを150mm以
上高くします。

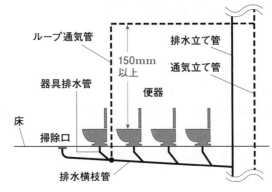

4 通気管末端の開口

 補足

手洗い器や便器などから立ち上げた通気管は，その先端を建物の側面や屋上から突出し，大気中に開口します。通気管末端の開口位置は，開口部の上端から600mm以上立ち上げるか，開口部の端部からの水平距離を3,000mm以上離します。

肩
直角に曲がった内面の出っ張った部分です。

あふれ縁
容器内の水などが，排水できずにあふれてこぼれる部分です。

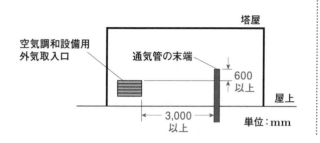

過去問にチャレンジ！

問1　　　　　　　　　　　　　　　　難　中　易

図において，改善すべき理由または改善策を答えなさい。

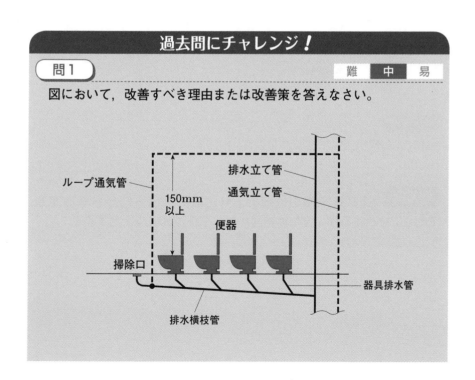

ループ通気管の立ち上げ高さは十分（150mm以上）ありますが，ループ通気管の立ち上げが，掃除口の下流からとなっています。

解答例 最上流の便器の器具排水管と排水横枝管が合流したすぐ下流から立ち上げる。

問2 　　　　　　　　　　　　　　難　**中**　易

図は排気通気管末端の開口位置（外壁取付け）を示したものである。不適当な箇所の理由または改善策を答えなさい。

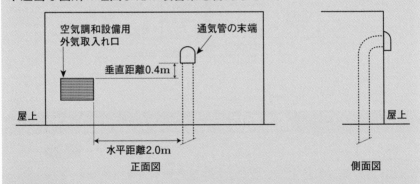

解 説

通気管末端の位置が，空気調和設備用外気取入れ口から，所定の離隔が取れていません。

解答例 通気管末端の位置は，外気取入れ口上端から垂直距離0.6m以上とするか，または側面から水平距離3m以上とする。

ダクト

風量調節ダンパー（VD）
送風機から離れたところに設けます。VDはVolume Damperの略です。

1 風量調節ダンパー（VD）の取付け

　風量調節ダンパー（VD）は，ダクト内を流れる空気の流量を調節する目的で，ダクト内に設けます。風量調節ダンパーの羽根の取付けにおいて，開閉方向が図1のように上下に動く場合，分岐後に偏流が生じ，図の下側に描かれているダクトに偏って流れます。

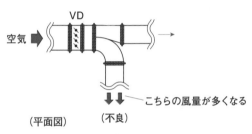

（平面図）　（不良）

図1　偏流が生じる

　図2は羽根が左右に動くように取り付けたものです。このようにすれば，分流後の偏流は防げます。

偏流
分岐後の2つのダクトのいずれか一方に偏って空気が流れることです。

ダクトの防振吊りの例

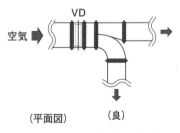

（平面図）　（良）

図2　偏流を防げる

防火ダンパー
火が他の防火区画に入らないよう，防止する装置をいいます。FDはFire Damperの略です。

2 防火ダンパー（FD）の取付け

　防火ダンパーは，火災による火炎がダクト内を通っ

て他所へ行くことを防止するもので，ダクト内の途中に設けるものです。ただし，湯沸器の排気筒内に防火ダンパーを設けると，使用中に動作した場合に，防火ダンパーが排気を遮断するため排気不良となり，**一酸化炭素中毒**を引き起こすおそれがあります。したがって，湯沸器の排気筒に防火ダンパーを設置することはしません。

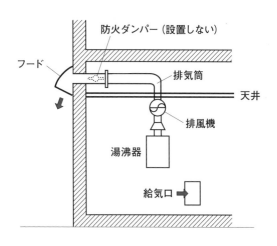

3 防火区画を貫通するダクトの留意点

防火区画とは，建物内の火災の延焼を防止するため，ある区画ごとに耐火材で密閉できるようにした区画のことです。一般に延べ床面積が500㎡以下ごとに別の区画とします。

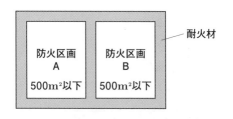

ダクトが防火区画を貫通する場合，次の点に留意します。

- 防火ダンパーが吊りボルトなどでスラブに固定されているか。
- 貫通部に不燃材が充填されているか。
- 貫通部の短管の鉄板の厚さは，1.5mm以上あるか。

補足

排気不良
湯沸器の燃焼ガスの排気が，排気筒の詰まりなどによって阻害されることです。

不燃材
モルタルやロックウールなどです。

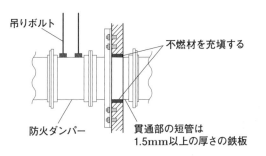

吊りボルト
不燃材を充填する
防火ダンパー
貫通部の短管は
1.5mm以上の厚さの鉄板

過去問にチャレンジ！

問1　　　　　　　　　　　　　　　難　**中**　易

ダクトの防火区画貫通部における防火ダンパー取付け要領図において，不適当な箇所の理由または改善策を答えなさい。

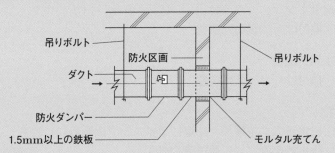

吊りボルト
防火区画
吊りボルト
ダクト
防火ダンパー
1.5mm以上の鉄板
モルタル充てん

解説

貫通部モルタル充てんと1.5mm以上の鉄板はよいですが，防火ダンパーが固定されていません。

解答例　防火ダンパーを，スラブから吊りボルトで吊る。

2 施工

まとめ & 丸暗記　この節の学習内容とまとめ

□　コンクリート基礎と機器据付け

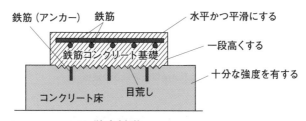

独立基礎

□　パッケージ形空調機
　　①本体の設置　②単体試運転調整

□　渦巻ポンプ
　　①据付け　②試運転調整

□　多翼送風機
　　①据付け　②試運転調整

□　管
　　①給水管の地中埋設　②塩ビライニング鋼管のねじ接合
　　③排水管の施工　④通気管の施工

□　完成検査時の書類
　　契約書，設計図，仕様書，機器類試験成績表，工事記録写真，完
　　成図，機器類の保証書など

空調機設備

　空調機設備の施工に際しては，機器本体の重量に耐えうる十分な強度をもった基礎上に，水平に設置することが重要です。

　ポンプ，モータなどの設置方法や据付け後の試運転調整に関するいくつかの留意点については，次のとおりです。

1 コンクリート基礎

　コンクリート基礎を作る際には，次の点に留意します。

- 基礎を設置する部分の床が，機器の運転荷重(かじゅう)に対して十分な強度を有すること。
- 設置機器の保守点検用のスペースを考慮して位置を決める。
- 基礎の上面は水平かつ平滑に仕上げる。
- 基礎は適切な大きさで，床面より一段高くする。
- 重量機器を設置する場合は，鉄筋コンクリート基礎とする。
- コンクリート打設後，適切な養生を行う。

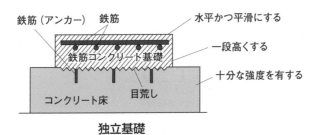

独立基礎

補足

運転荷重
機器の自重と燃料や水などを入れた合計の重量です。

保守点検用のスペース
設備機器の保守点検（メンテナンス）に必要な空間です。

適切な養生
コンクリートの強度が出るように，湿潤（湿らせる）養生などを行います。打設後10日間は機器の設置は避けます。

目荒し
コンクリート床の表面に凹凸を付けることをいい，コンクリート基礎との付着性を良くします。

315

2 機器据付け

　コンクリート基礎に機器全般を据え付ける際の留意点は，次のとおりです。

- 基礎コンクリートの打設後10日間は機器を据え付けない。
- 機器は水平に据え付ける。
- 機器の荷重が，コンクリート基礎に均等にかかるようにする。
- 芯出しの必要な機器は，芯出しを行う。
- 地震時に，機器が転倒，移動などしないように措置する。

3 パッケージ形空調機の据付け施工・試運転調整

①本体の設置

　パッケージ形空調機の据付けに関する留意事項は，次のとおりです。

- 保守点検用スペースを確保して設置する。
- 隣地近くに屋外機を設置する場合は，騒音に留意し，場合により防音壁を設ける。
- 屋内機や屋上設置の屋外機の振動が建物を伝わるおそれがあるときは，防振材を用いて振動を防止する。
- ドレン管は間接排水とする。
- 屋内機と屋外機間の冷媒管の長さは長すぎないようにする。

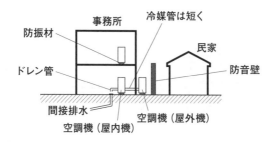

②単体試運転調整

機器単体の試運転調整は，総合的な試運転調整の前に行います。留意事項は次のとおりです。

- 機器が強固に固定され，振動がほとんどないこと。
- 屋外機の敷地境界線上での騒音値が，許容値以内であること。
- 屋外機からの排気が，建物の開口部などに影響を与えないこと。
- ドレンパンの取付けと，排水管の勾配が適正であること。
- サーモスタットなどにより冷暖房が正確に作動すること。
- 室内機の吹出口から熱感知器までの離隔が十分とれていること。

4 渦巻ポンプの据付け

空調用渦巻ポンプを据え付ける際の留意事項です。

- 基礎は，ポンプの荷重および振動に対して十分な強度があること。
- ポンプの軸芯の調整を行う。
- 吸込管内にエアが溜まらないよう，ポンプに向かって $\frac{1}{100}$ 以上の上がり勾配とする。
- ポンプの吸込み，吐出側に防振継手を設置する。
- 管，弁類の荷重がポンプにかからないよう，適切に支持する。

補足

2 施工

芯出し
機器や管の中心の位置に墨を付けることです。

パッケージ形空調機
圧縮機，凝縮器，送風機などを１つの箱内に組み込んだものです。

渦巻ポンプ
遠心ポンプの１つで，吐出側に渦巻状のケーシングがあります。

軸芯
回転軸の中心です。

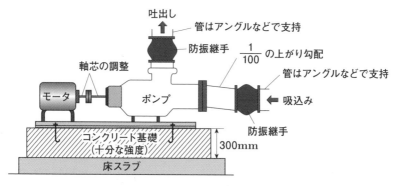

吐出し

管はアングルなどで支持

防振継手

$\frac{1}{100}$ の上がり勾配

管はアングルなどで支持

軸芯の調整

モータ

ポンプ

吸込み

防振継手

コンクリート基礎
（十分な強度）

300mm

床スラブ

渦巻ポンプの据付け

5 渦巻ポンプの試運転調整

　単体の試運転調整は，総合試運転調整の前に行います。空調用渦巻ポンプ単体の試運転調整に関しての留意事項は，次のとおりです。

- 軸受の注油は適量か。
- カップリングが水平であるか。
- ポンプを軽く手で回し，回転むらがないか。
- グランドパッキンの締め過ぎがなく，水滴の滴下が適切か。
- 瞬時運転してモータの回転方向が正しいか。
- 吐出弁を全閉状態から徐々に開き，規定水量になっているか。
- 軸受温度は，周囲温度より40℃以上高くないか。
- 異常音や異常振動はないか。

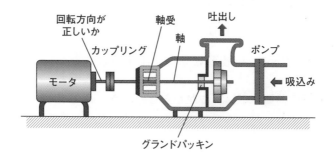

回転方向が
正しいか

軸受

吐出し

カップリング

軸

ポンプ

モータ

吸込み

グランドパッキン

6 多翼送風機の据付け

呼び番号3〜4の**多翼送風機**を据え付ける場合の留意事項です。

- 送風機の周辺は保守点検のスペースを確保する。
- アンカーボルトの位置，強度を確認する。
- 基礎上に防振架台を介して水平に取り付ける。
- 送風機とモータのプーリの芯出しは，プーリの外側に水糸を当て一直線にする。
- 送風機とダクトはキャンバス継手を使用し，振動を抑える。

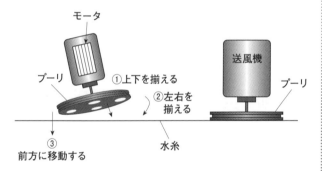

モータ
プーリ
①上下を揃える
②左右を揃える
送風機
プーリ
③
前方に移動する
水糸

7 多翼送風機の試運転調整

単体の試運転調整は，総合試運転調整の前に行います。多翼送風機の試運転調整に関しての留意事項は，次のとおりです。

補足

2 施工

軸受
回転軸を受ける部分です。

カップリング
モータとポンプの回転軸を合わせるための接続装置です。

グランドパッキン
ポンプの軸周に入れます。

瞬時運転
瞬間的な運転のことです。

呼び番号
送風機の羽根車の外径を示すものです。多翼送風機では，呼び番号1が150mmで，数値は$\frac{1}{2}$刻みです。

多翼送風機
たくさんの羽根をもった送風機で，シロッコファンともいいます。

プーリ
モータの回転を送風機に伝えるベルトを掛ける，薄い円筒状のもので，ベルトがはずれないように溝があります。

キャンバス継手
送風機やダクトの騒音や振動を吸収する，伸縮継手です。

- 軸受の注油は適量か。
- Vベルトの張り具合は適正か。
- 瞬時運転で，モータの回転方向が正しいか。
- 吐出ダンパーを全閉状態から徐々に開き，規定風量になっているか。
- 軸受温度は，周囲温度より40℃以上高くないか。
- 異常音や異常振動はないか。

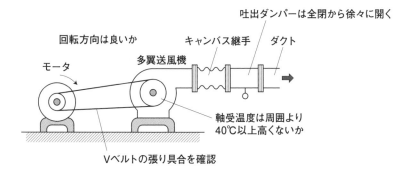

吐出ダンパーは全閉から徐々に開く

回転方向は良いか　　　キャンバス継手　ダクト

モータ　　　　多翼送風機

軸受温度は周囲より
40℃以上高くないか

Vベルトの張り具合を確認

過去問にチャレンジ！

問1　　　　　　　　　　　　　　　　　　　　難　中　易

　パッケージ形空気調和機を据え付ける場合の留意事項を4つ簡潔に記述しなさい。ただし，工程管理，安全管理に関する事項は除く。

解説と解答例

・保守点検用スペースを確保して設置する。
・隣地近くに屋外機を設置する場合は，騒音に留意し，場合により防音壁を設ける。
・屋内機や屋上設置の屋外機の振動が建物を伝わるおそれがあるときは，防振材を用いて振動を防止する。
・ドレン管は間接排水とする。
・屋内機と屋外機間の冷媒管の長さは長すぎないようにする。

衛生設備

1 塩ビライニング鋼管のねじ接合

　塩ビライニング鋼管は，鋼管の内部に塩化ビニルが塗膜（とまく）されています。施工上の留意点は次のとおりです。

- テーパーねじゲージでねじ部の長さを確認する。
- ねじ部の切削油（せっさくゆ）はウエスできれいに清掃する。
- ねじ部にペーストシール剤を適量塗布して接合する。
- 余ねじ部に錆止め（さび）ペイントを塗布する。
- 管の接続には管端防食継手を用いる。

補足

切削油
ねじを切るときに使用する油です。

ペーストシール剤
水漏れを防止するための防水材の1つです。

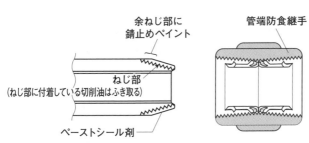

余ねじ部に
錆止めペイント

管端防食継手

ねじ部
（ねじ部に付着している切削油はふき取る）

ペーストシール剤

ねじ切りした塩ビライニング鋼管の先端　　管端防食継手

2 排水管の施工

①屋内の排水管の施工

　屋内の排水管の勾配は，呼び径の大きさごとに最小勾配が設定さ

呼び径	最小勾配
65以下	1/50
100	1/100
125	1/150
150以上	1/200

※目安として，勾配≒1/呼び径

呼び径
少数以下をまとめて整数にした，およその直径です。

れています。原則としては前ページの表のとおりです。

その他，次のような留意点があります。

- トラップの封水深さは5〜10cmとする。
- 二重トラップ（ダブルトラップ）とならないようにする。
- U字配管，鳥居配管は避ける。
- 間接排水が必要な器具は，所定の排水口空間を保つ。

②屋外埋設する排水管の施工

埋設時の留意点は，次のとおりです。

- 根切底にある鋭角な石などは取り除き，十分に締め固める。
- 排水管の直上部に荷重がかからない場所を選んで埋設する。
- 埋め戻し前に配管勾配をレベルなどで確認する。
- 地盤沈下などを考慮し，変位吸収管継手を使用する。

3 通気管の施工

通気管の施工上の留意点は，次のとおりです。

- 通気横走り管は通気立て管に向かって，先上がり勾配とする。
- 通気横走り管の床下配管は，できるだけ短くする。
- 通気管は，窓などの開口部上端から600mm以上のところで開口する。または，側面から3,000mm以上離して開口する。
- 汚水タンク，排水タンクの通気管は，単独で大気に開放する。

4 洗面器の取付け

　洗面器や手洗器を軽量鉄骨ボード壁などに取り付ける場合の留意点は，次のとおりです。

- 洗面器の取付け高さは，成人が使用する事務所などでは，床面からあふれ縁まで標準80cmとする。
- あらかじめ鉄板かアングル加工材または堅木材の当て木を壁内の器具取付け箇所に取り付けておく。
- 所定の位置にバックハンガーを取り付け，洗面器が水平になっていることや，がたつきのないことを確認する。
- 壁付水栓の場合，水栓の吐水口端とあふれ縁に所定の吐水口空間を保つように取り付ける。

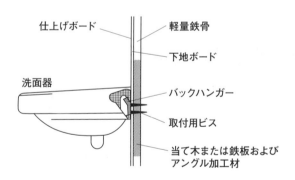

仕上げボード　　軽量鉄骨
下地ボード
洗面器
バックハンガー
取付用ビス
当て木または鉄板および
アングル加工材

5 完成検査時の書類など

　完成検査を受けるときに必要な図書，書類と，完成検査後に建築主（施主）に引き渡す図書などには，次のようなものがあります。

2 施工

U字配管，鳥居配管
U字配管はアルファベットのU字形の配管です。鳥居配管は神社の鳥居のように中央部が上がった配管です。

根切底
掘削した底面です。硬質ポリ塩化ビニルでできた排水管では，厚さ10cm以上の砂か良質土を敷きます。

レベル
土地の高低差などを測定する標準器です。

変位吸収管継手
外力に対して破損することなく，曲がりや伸縮によって力を吸収する継手です。

洗面器の取付け高さ
車いす使用者用は，75cm程度です。

バックハンガー
下地ボードに直接取り付けることはできません。

図書名	完成検査時に必要	引渡し時に必要
契約書	○	―
設計図	○	―
仕様書	○	―
施工図	○	○
機器メーカ連絡先リスト	○	○
機器製作図	○	○
打合せ議事録	○	―
機器類試験成績表	○	○
試運転記録	○	○
関係官庁届出書類控，検査証	○	―
工事記録写真	○	―
材料検査記録	○	―
工事日報	○	―
完成図	○	○
機器類の取扱説明書	―	○
機器類の保証書	―	○

過去問にチャレンジ！

問1　　　　　　　　　　　　　　　　　　難　**中**　易

　屋内の排水管，通気管を施工する場合の留意事項を4つ，具体的かつ簡潔に答えなさい。

　ただし，管の切断に関する事項，工程管理および安全管理に関する事項は除く。

解説と解答例

　排水管2項目，通気管2項目の例です。
・二重トラップ（ダブルトラップ）とならないようにする。
・U字配管，鳥居配管は避ける。
・通気横走り管の床下配管は，できるだけ短くする。
・汚水タンク，排水タンクの通気管は，単独で大気に開放する。

第二次検定

第2章

工程管理

1　工程表 ・・・・・・・・・・・・・・・・・・・・・・　326

工程表

まとめ & 丸暗記　　この節の学習内容とまとめ

☐　バーチャート工程表の作成ポイント

作業名	所要日数	工事比率	1日の進捗率
作業A	2日	6%	3%
作業B	5日	20%	4%
作業C	5日	25%	5%
作業D	3日	30%	10%
作業E	1日	11%	11%
作業F	2日	8%	4%

1日の進捗率＝$\dfrac{\text{工事比率}}{\text{所要日数}}$

作業順に並べる

全作業の工事比率は合計が100%

1日の進捗率を欄外にメモする

土日は作業なし

	作 業 名	工事比率%	月											月																					累積比率%
			日	1	2	3	4	5	6	7	8	9	10	11	12	13	14	15	16	17	18	19	20	21	22	23	24	25	26	27	28	29	30	31	
			曜日	水	木	金	土	日	月	火	水	木	金	土	日	月	火	水	木	金	土	日	月	火	水	木	金	土	日	月	火	水	木	金	
3	作業A	6																												96		100				100 / 90
4	作業B	20																				81													80
5	作業C	25																																	70
10	作業D	30																																	60
11	作業E	11													51																				50
4	作業F	8																																	40
																																		30
							26																											20
																																		10
				6																														0

工程表の作成

1 バーチャート工程表

　建設現場で使用される工程表として，バーチャート工程表（横線式工程表）があります。縦に各作業名を並べ，横軸に月日や日数をとり，長方形の横線（バー）で工程を表します。

　さらに，進度管理に用いられる累積出来高曲線を併記すると全体の進度がわかります。

累積出来高曲線
１日ごとに工事の出来高（進み具合）をパーセンテージで表し，その点を結んだ曲線です。実際にはなめらかな曲線ではありませんが，このように呼んでいます。

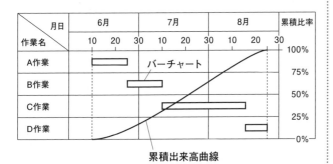

累積出来高曲線

2 バーチャート工程表の作成

　次の例題から，バーチャート工程表を作成してみましょう。

　例題1 ある工事の作業の相互関係などは次のとおりである。次の設問に答えなさい。

　ただし，養生は土曜日，日曜日を使用できるものとし，それ以外の作業は土曜日，日曜日に行わないものとする。

● 作業の相互関係

・作業Aは，工事着工とともにすぐに着手し，2日を要し，工事比率は6%である。

・作業Bは，作業A終了後すぐに着手し，5日を要し，工事比率は20%である。

・作業Cは，作業B終了後すぐに着手し，5日を要し，工事比率は25%である。

・作業Dは，作業C終了後5日の養生後に着手し，3日を要し，工事比率は30%である。

・作業Eは，作業D終了後すぐに着手し，1日を要し，工事比率は11%である。

・作業Fは，作業D終了後すぐに着手し，2日を要し，工事比率は8%である。

作　業　名	工事比率%	月 日 曜日	月																														累積比率%
			1 水	2 木	3 金	4 土	5 日	6 月	7 火	8 水	9 木	10 金	11 土	12 日	13 月	14 火	15 水	16 木	17 金	18 土	19 日	20 月	21 火	22 水	23 木	24 金	25 土	26 日	27 月	28 火	29 水	30 木	31 金	
作業A	6																																	100 90
																																	80
																																	70
																																	60
																																	50
																																	40
																																	30
																																	20
																																	10
				6																													0

〔設問1〕上記工事のバーチャート工程表を作成しなさい。ただし，作業名は作業順に表の上欄から記入する。

なお，作業Aについては工程表に記載済みである。

〔設問2〕累積出来高曲線を記入し，各作業の完了日ごとに累積出来高の数字を記入しなさい。ただし，各作業の1日ごとの出来高は均等とする。

解 説

〔設問1〕まず，作業を表にして1日当たりの工事進捗率を計算しておきます。

作業名	所要日数	工事比率	1日の進捗率
作業A	2日	6%	3%
作業B	5日	20%	4%
作業C	5日	25%	5%
作業D	3日	30%	10%
作業E	1日	11%	11%
作業F	2日	8%	4%

工程表の作業Aの下に，作業B～Fを順番に並べ，工事比率の数字とともに記入します。このとき，必ず工事比率の合計が100%であることを確認します。間違いに気がつかないまま進めると，累積出来高曲線の最後が100%にならず，違った結果になってしまいます。

後は，養生のある作業，土・日は作業しないこと，養生は土・日を入れてよいこと，などに注意して長方形の横線（バー）を書き入れます。

補 足

工事進捗率
工事が，現在どれだけ進んでいるかをパーセンテージで表したもので，工事の進み具合がわかります。

工事比率
ある作業が，工事全体に占める割合を示した数値です。

〔設問2〕1日の進捗率は前ページの表からわかっているので，その数字を欄外にメモしておきます。その数字に留意して累積出来高曲線を作成します。

たとえば，27日（月）の進捗率の計算は，26日までの進捗率（81%）に，作業E（11%）および作業F1日（4%）の合計15%を加えて96%になります。

同時並行作業など，作業の重なりが多い問題の場合は，1日の進捗率を求めておいたほうが，その都度進捗率を計算するよりも計算ミスが少なくなります。

また土・日や養生の期間は作業がないので，この間の累積出来高曲線は水平となります。

よって，累積出来高曲線と各作業の完了日ごとの累積出来高の結果は次のとおりです。

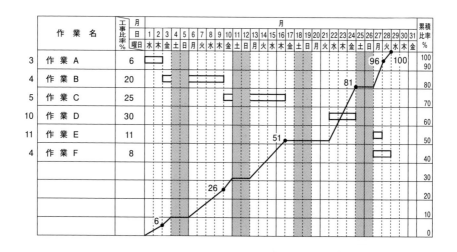

なお実際の試験では，累積出来高曲線が完成したら，欄外にメモしておいた1日の進捗率は消しておきましょう。

例題２ ある２階建て建物の工事の作業（日数，工事比率%）は以下のとおりである。次の設問に答えなさい。ただし，①〜④の条件がある。

●作業

準備（２日，2%）を除く作業は，階ごとに，墨出し（吊り・支持金物）（２日，2%），水圧・満水試験（２日，4%），配管（５日，20%），保温（３日，9%），水栓および器具取付け（３日，12%），調整（２日，2%）

●施工条件

①先行する作業と後続する作業は，並行作業できない。

②同一作業の１階と２階の作業は，並行作業できない。

③同一作業は，１階の作業が終了後，すぐに２階の作業に着手できる。

④工事はできる限り早く終了させるものとし，土曜日，日曜日などの休日は考慮しない。

〔設問１〕バーチャート工程表の作業名欄に，作業名を作業順に並べ替えて記入しなさい。

〔設問２〕バーチャート工程表を作成しなさい（バーの下に作業区分〔1F, 2F〕を記入する）。

作 業 名	工事比率 %	日																									累積比率 %
		1	2	3	4	5	6	7	8	9	10	11	12	13	14	15	16	17	18	19	20	21	22	23	24	25	
準備	2																										100
墨出し	4			1F		2F																					90
																											80
																											70
																											60
水栓および器具取付け	24																1F			2F							50
調整	4																	1F			2F						40
																											30
																											20
			2	4																							10 0

〔設問3〕累積出来高曲線を記入し，各作業の開始および完了日ごとに累積出来高の数字を記入しなさい。ただし，各作業の出来高は作業日数内において均等とする。

解説

〔設問1〕残っている作業は次の3つですが，作業順に並べ替えるので，その順番に注意します。

- 水圧・満水試験
- 配管
- 保温

この3つの施工順序が問われており，作業の順番は，配管→水圧・満水試験→保温です。保温施工の前に，水圧試験などで漏水や異常がないことを確認します。

〔設問2〕まず，工事比率を記入します。問題文にある工事比率は，準備を除いて階ごとの数字だという点に注意しましょう。2階建てなので，その数値を2倍します。1日の進捗率も，工程表の欄外にメモしておきます。

与えられた工程表に曜日の記載がないのは，土・日も作業するため，曜日に関係ないからです。

同一作業は，1階と2階の並行作業ができませんが，1階が終わればすぐ翌日から，2階の作業にかかることができます。よって，まずは1階の作業工程を決めてから，2階の工程を考えるといいでしょう。

なお，1階の墨出しが終わってから2階の墨出しまで3日空いているので，なぜ空けるのか疑問に思うかもしれません。なぜなら2階の配管を始められるのが，10日目からのためです。配管の直前に墨出しが終わっているのがよいという出題者の意図があります。最初から問題に記載されているので，あまり深く考える必要はありません。

2階の墨出しと1階の配管が終わるのは，どちらも9日です。したがって，10日目から2階の配管を行うことができます。

〔設問3〕累積出来高曲線を，各作業の開始日および完了日ごとに記入します。

すでに2日終了時（3日開始時）と4日終了時（5日開始時）は，問題の工程表に与えられています（2％と4％）。これを参考にして，2階の墨出しが8日目から開始するので，進捗率を記載します。5〜7日の3日間に1階の配管は4％×3日＝12％できました。これと4日終了時の4％を足して16％となります。以下，同様です。

1階の作業と2階の作業に分けて考えるのではなく，一緒にして開始日または完了日にどれだけ進捗したかを計算します。

補足

墨出し
管の取付けや，機器の設置位置を明確にするために，コンクリートや固定物に印を付けることです。

水圧・満水試験
給水管では圧力をかける水圧試験，排水管は水を満たす満水試験です。

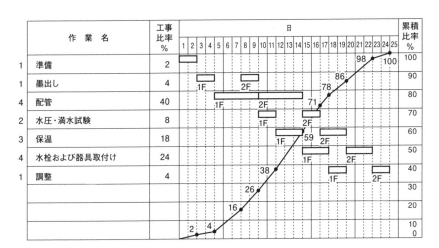

3 タクト工程表

同一作業が階ごと，工区ごとに繰り返される場合に採用されるのがタクト工程表です。たとえば，共同住宅など各階の住戸の間取りが同じ場合や，高層建築物などで有効です。同一作業の続く工程が多くある場

合，作成しやすく，見やすいという利点があります。

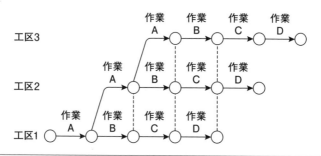

例 題 ある2階建て建物（1，2階同じ平面プラン）の給排水衛生設備工事の作業は，以下のとおりである。次の設問に答えなさい。

　なお，各作業は，階ごとに，表のとおりとする。

作業順	作業名	日数（階ごと）	備考
1	墨出し	2日	吊り，支持金物を含む
2	配管	6日	
3	試験	2日	水圧，満水など
4	保温	2日	
5	（建築仕上げ）	5日	
6	器具取付け	4日	水栓，衛生陶器など
7	調整	2日	

● 施工条件

①先行する作業と後続する作業は，並行作業できない。

②同一作業の1階と2階の作業は，並行作業できない。

③同一作業は，1階の作業が完了後，すぐに2階の作業に着手できる。

④建築仕上げ工事は，階ごとに5日を要するものとする。

⑤各階の工事はできる限り早く完了させるものとする。

〔**設問1**〕バーチャート工程表を完成させなさい。ただし,（建築仕上げ）は記入を要しない。

〔**設問2**〕タクト工程表を完成させなさい。

建築仕上げ
石こうボード張りや壁塗りなどの内装仕上げをいいます。一般には,設備配管は壁体内に埋め込むので,建築仕上げ前に施工しておく必要があります。ただし,露出配管と明記されている場合,配管は建築仕上げ後となります。

解 説

〔**設問1**〕作業順なので,そのまま記入します。

墨出し→配管→試験→保温→（建築仕上げ）→器具取付け→調整の作業工程は記憶する必要があります。試験問題で,作業順が示されていない場合は,正しく並べ替えて記入します。

また,建築仕上げは記入を要しないが,所要日数の5日間は確保する必要があります。

なお,試験の解答では,図中のコメントおよび「1階で配管作業中」の点線矢印の記入も不要です。

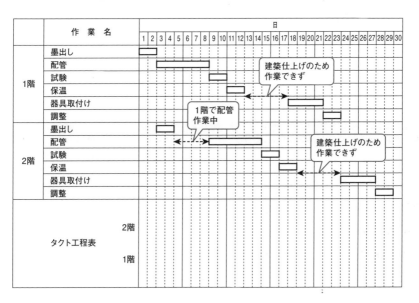

335

〔設問2〕バーチャートを参考にして，タクト工程表を作成します。

　1階の墨出しが最初にあり2日で完了します。続いて配管→試験→保温と進みます。それぞれの開始日と完了日に注意して矢印を記入し，その上に作業名を書き入れます。建築仕上げは管工事ではありませんが，その期間は待たなければなりません。

　1階が終われば2階も同様に作成し，同様作業は1階の後に2階に移ったことをわかりやすくするため，点線で結ぶとよいでしょう。

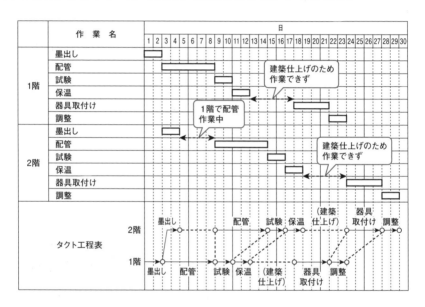

過去問にチャレンジ！

問1　　　　　　　　　　　　　　　　　　　　　難　中　易

　ある建物の設備工事のうち，衛生設備工事の工程は図に示すとおりであり，ルームエアコンを設置する空気調和設備工事の作業（日数，工事比率%）は以下のとおりである。

　次の設問1～3に答えなさい。

（作業）機器設置（4日，24％），気密試験（真空引きを含む）（3日，6％），試運転調整（2日，2％），準備・墨出し（1日，1％），配管（渡り配線を含む）（4日，12％）

（施工条件）①先行する作業が完了してから後続する作業に着手するものとし，できる限り早く完了させるものとする。

②エアコンは壁付け，配管は露出配管とする。

③内装仕上げは，別工事とする。

〔設問1〕空気調和設備工事に関するバーチャート工程表の作業名欄に，作業名を作業順に記入しなさい。

〔設問2〕空気調和設備工事に関するバーチャート工程表を完成させなさい。

〔設問3〕設備工事全体の累積出来高曲線を記入し，各作業の開始日および完了日ごとに累積出来高の数字を記入しなさい。ただし，各作業の出来高は，作業日数内において均等とする。

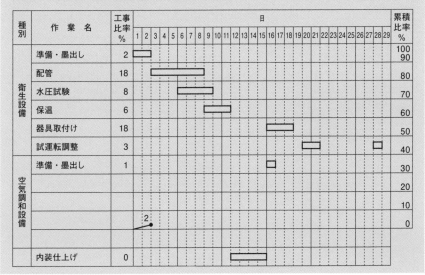

解 説

　衛生設備工事と内装仕上げ工事の横線は記入されています。空気調和設備工事の横線を記入し，衛生設備工事を含めた累積出来高曲線を書き入れます。

〔設問1〕

　配管の一部は機器設置前に行うこともありますが，露出配管で渡り配線（屋内と屋外のユニットをつなぐ電線）を含むとあるので，連続して行うとすれば機器設置後と考えるのが正しいといえます。

〔設問2〕

　準備・墨出しがスタートで，このバーが問題に与えられているので，ここから順番に入れます。

〔設問3〕

　各作業の1日当たりの工事比率を計算しておきましょう。

解答例　〔設問1〕，〔設問2〕，〔設問3〕下図参照。

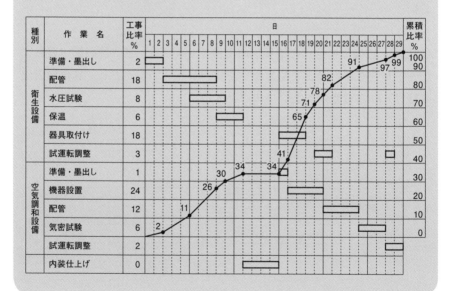

第3章

法規

1 労働安全衛生法 ・・・・・・・・・・・・・・・ 340

1 労働安全衛生法

まとめ & 丸暗記　　この節の学習内容とまとめ

☐ 地山（じやま）と掘削（くっさく）

地山の種類	掘削面の高さ	掘削面の勾配（こう）
岩盤または堅い粘土からなる地山	5m未満 5m以上	90度以下 75度以下
その他の地山	2m未満 2m以上5m未満 5m以上	90度以下 75度以下 60度以下

※砂からなる地山の場合，勾配35度以下または高さ5m未満

☐ 架設通路
勾配は原則30度以下
勾配が15度を超えるものには，滑り止めを設置

☐ 作業床
高さが2m以上の箇所：幅40cm以上，床材間3cm以下，高さ85cm以上の手すりを設置

☐ 元請け，下請け
- 統括安全衛生責任者（元請け事業者が選任）
- 元方（もとかた）安全衛生管理者（元請け事業者が選任）
- 安全衛生責任者（下請け事業者が選任）

☐ 作業責任者
免許を受けた者または技能講習を修了した者から選任

安全設備

1 地山と掘削

　事業者は，地山の崩壊または土石の落下により労働者に危険を及ぼすおそれのあるときは，地山を安全な勾配とし，落下のおそれのある土石を取り除き，または擁壁，土止め支保工などを設けなければなりません。

　地山を手掘りによって掘削する場合，地山の種類（硬軟），掘削面の高さ（深さ）により，掘削面の勾配は次のように規定されています。

①岩盤または堅い粘土からなる地山の掘削

　掘削面の高さが5m未満のときは，掘削面の勾配は90度以下です。一方，5m以上のときは，掘削面の勾配を75度以下とします。

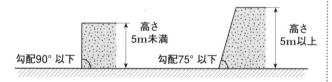

②その他の地山の掘削

　上の①の地山と，砂からなる地山や崩壊しやすい状態の地山を除いた地山の場合です。崩壊しやすい地山とは，発破を使用した場合や，前日から雨で地盤が緩んでいるようなものをいいます。

　掘削面の高さが2m未満のときは，掘削面の勾配を90度以下，2m以上5m未満のときは75度以下，5m以

補足

地山
盛土などをしていない，もともとある地盤です。

擁壁
掘削した部分に周囲の土が崩れ落ちないようにした壁です。

土止め支保工
掘削した側面に壁や突っ張り棒（切梁という）などを用い，土圧により崩落しないようにする工事です。

掘削面
土を掘ったときにできる側面（法面という）です。

発破
火薬を用いて山などを崩すことです。

上のときは60度以下とします。

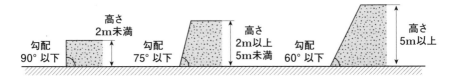

③砂からなる地山の掘削

　砂からなる地山の場合は，掘削面の勾配を35度以下とするか，または掘削面の高さを5m未満とします。

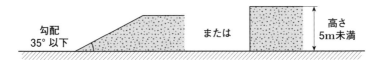

2 昇降設備など

　事業者が遵守（守る）すべき，昇降設備，通路などに関する規定は次のとおりです。

①高さ（深さ）による規定

　高さまたは深さが1.5mを超える箇所で作業を行うときは，労働者が安全に昇降するための設備などを設けます。

②障害物の規定

　屋内に設ける通路について，通路面からの高さが1.8m以内の場所に障害物を置くことはできません。

③架設通路

　架設通路の勾配は，原則30度以下とします。また，勾配が15度を超えるものには，踏みさんその他の滑り止めを設けます。ただし，階段を設け

たもの，または高さが2m未満で丈夫な手掛を設けた
ものは，この限りではありません。

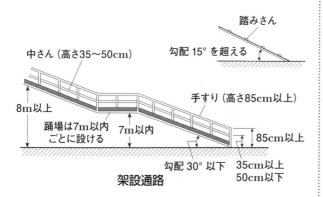

中さん（高さ35〜50cm）

勾配15°を超える

踏みさん

8m以上

踊場は7m以内
ごとに設ける

手すり（高さ85cm以上）

7m以内

勾配30°以下

85cm以上

35cm以上
50cm以下

架設通路

3 その他の設備

　事業者は，2m以上の高さで労働者に作業を行わせ
る場合，次の規定を遵守する必要があります。

①作業床の設置

　墜落により労働者に危険を及ぼすおそれのあるとき
は，足場を組み立てるなどの方法により作業床を設け
ます。

　作業床は，一側足場および吊り足場の場合を除き，
幅は40cm以上とし，床材間は，3cm以下とします。

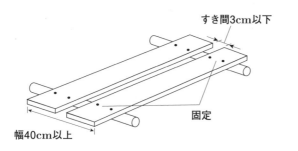

すき間3cm以下

固定

幅40cm以上

②要求性能墜落制止用器具（旧・安全帯）

労働者に墜落制止用器具（旧・安全帯）を使用させるときは，安全に取り付けられるような設備などを設けます。

③手すり

作業床で，墜落により労働者に危険を及ぼすおそれのある箇所には，高さ85cm以上の手すりを設けます。

4 移動はしごと脚立

移動はしごと脚立に関する事業者の遵守事項は，次のとおりです。

①移動はしご

丈夫な構造とし，材料は著しい損傷や腐食などがないものを使用します。また，移動はしごの幅は30cm以上とし，はしごの脚に滑り止め装置を取り付けます。その他，転位を防止するため，はしごを立てかけた上部を固定するなど必要な措置を講じます。

②脚立

脚立の脚と水平面の角度を75度以下とし，かつ，折りたたみ式のものにあっては，開いた両脚の間に，水平面の角度を確実に保つための金具などを備えたものとします。

30cm以上

滑り止め

移動はしご

折りたたみ式のものは
金具を備える

75° 以下

脚立

補足

丈夫な構造
明確な基準はありませんが，安全に昇降できる構造，材質であることです。

転位
はしごの上部が，所定の位置からずれることです。

過去問にチャレンジ！

問1   難   中   易

労働安全衛生に関する文中，[   ]内に当てはまる，「労働安全衛生法」上に定められている数値を答えなさい。

(1) 事業者は，手掘りにより，岩盤（崩壊または岩石の落下の原因となる亀裂がない岩盤を除く）または堅い粘土からなる地山の掘削の作業を行う場合，掘削面の高さが[A]m未満のときは，掘削面の勾配を90度以下とすることができる。

(2) 事業者は，架設通路については，勾配は，[B]度以下としなければならない。

　ただし，階段を設けたもの，または高さが2m未満で丈夫な手掛を設けたものはこの限りでない。

解説

(1) 手掘りにより，岩盤や堅い粘土の地山を掘削する場合，掘削面の高さが5m未満のときは，掘削面の勾配を90度以下とすることができます。

(2) 架設通路の勾配は，原則として30度以下です。

解答   A：5   B：30

安全体系

1 下請けを使用する現場

1つの作業現場で，元請けおよび下請けの労働者が作業に従事している場合，事業者は安全管理および衛生管理を行う者を選任します。

◆常時50人以上が従事している場合

元請け事業者や下請け事業者は，次の者を選任します。

- 統括安全衛生責任者（元請け事業者が選任）
- 元方安全衛生管理者（元請け事業者が選任）
- 安全衛生責任者（下請け事業者が選任）

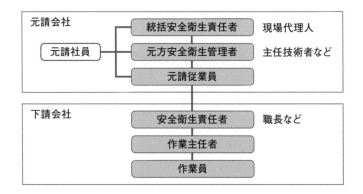

統括安全衛生責任者は，現場の安全衛生を統括する責任者で，それをサポートするのが元方安全衛生管理者です。いずれも元請け事業者が，元請けの社員の中から選任します。

また，統括安全衛生責任者からの連絡事項を関係者へ周知するため，自ら施工する下請け事業者は，自社（下請け）の社員から安全衛生責任者を選任します。

2 作業主任者

作業主任者は，危険または有害な作業を行うとき，作業の方法を決定し，労働者を指揮する者です。事業者が選任します。

作業主任者	指揮する内容
地山の掘削	高さが2m以上の地山の掘削
土止め支保工	土止め支保工の取付け，取外し
型枠支保工の組立等	型枠支保工の組立てまたは解体
足場の組立て等	足場の組立て，解体，変更
酸素欠乏危険	酸欠（酸素濃度18％未満）の防止
石綿	石綿等の粉じん汚染や吸入防止

3 特別の教育

事業者は，危険または有害な業務において，労働者が安全に作業を行えるように，特別の教育を行います。特別の教育内容は次のとおりです。

なお，酸素欠乏危険作業の作業主任者となるには，特別の教育ではなく，技能講習が必要です。

特別の教育	業務内容
移動式クレーン	吊り上げ荷重が1トン未満の移動式クレーンの運転
玉掛け	クレーン，デリックによる玉掛け
作業床の高さが2m以上10m未満の高所作業車	運転
アーク溶接	金属の溶接，溶断など
ゴンドラ	ゴンドラの操作
酸素欠乏危険作業	酸素欠乏危険場所による作業

補足

作業現場
現場では，元請・下請混在がほとんどですが，各会社内での組織については，223ページ参照。

作業主任者
作業を請け負った事業者が選任します。元請けが直営で行うのであれば，元請け事業者が選任し，下請けに任せるのであれば，下請け事業者が選任します。

特別の教育
事業所で行うことのできる安全や衛生に関する教育です。

技能講習
都道府県労働局長に登録した教習機関が行う講習です。

1

労働安全衛生法

4 その他

①技能講習

技能講習を必要とする作業は，特別の教育を受けただけでできる作業よりも，業務の範囲が広がります。吊り上げ荷重が1トン以上5トン未満の移動式クレーンの運転は，技能講習の修了者であることなどが必要です。

②ガス容器の温度

事業者は，可燃性ガスおよび酸素を用いて行う金属の溶接や溶断の業務に使用するガスの容器の温度を40℃以下に保たなければなりません。

③酸素欠乏危険作業

事業者は，酸素欠乏危険作業に労働者を従事させる場合は，当該作業場所の空気中の酸素の濃度を18％以上に保つように換気します。一般に，給気管と排気管を用いて内部の空気を入れ替え，大気中の酸素濃度（約21％）に近づけます。※**酸素欠乏とは，空気中の酸素の濃度が18％未満の状態。**

④誘導者

明り掘削の作業を行う場合など，車両系建設機械の運転について誘導者を置くときには，事業者は一定の合図を定め，誘導者に合図を行わせます。
※**明り掘削とは，トンネル内掘削を除いた大気中での掘削です。**

過去問にチャレンジ！

問1 　　　　　　　　　　　　　　　　難　**中**　易

労働安全衛生に関する文中，[　　]内に当てはまる，「労働安全衛生法」上に定められている用語を選択欄から選び，答えなさい。

(1) 建設業を行う事業者は，常時10人以上50人未満の労働者を使用する事業場には，[　A　]を選任しなければならない。

(2) 事業者は，型枠支保工の組立てまたは解体の作業を行う場合には，
[　B　]を選任しなければならない。

(3) 事業者は，吊り上げ荷重が1トン未満の移動式クレーンの玉掛けの業
務などの危険または有害な業務で，厚生労働省令で定めるものに労働
者を就かせるときは，厚生労働省令で定めるところにより，当該業務に
関する安全または衛生のための[　C　]を行わなければならない。

〈選択欄〉

| 作業主任者 | 専門技術者 | 安全管理者 | 衛生管理者 |
| 安全衛生推進者 | 安全衛生講習 | 特別の教育 | 技能講習 |

解　説
----

(1) 常時10人以上50人未満の場合は，安全衛生推進者を選任します。

(2) 危険な作業なので，作業主任者を選任します。

(3) 1トン未満の移動式クレーンを運転するには，特別の教育を受ける必要が
あります。

解　答　A：安全衛生推進者　B：作業主任者　C：特別の教育

問2　　　　　　　　　　　　　　　　　　　　難　**中**　易

次の設問1および設問2に答えなさい。

〔設問1〕労働安全衛生に関する文中，[　　]内に当てはまる，「労働安
全衛生法」上に定められている数値を答えなさい。

(1) 事業者は，可燃性ガスおよび酸素を用いて行う金属の溶接，溶断の
業務に使用するガスの容器の温度を[　A　]度以下に保たなければ
ならない。

(2) 事業者は，酸素欠乏危険作業に労働者を従事させる場合は，当該作
業を行う場所の空気中の酸素の濃度を[　B　]％以上に保つように

換気しなければならない。

〔設問2〕労働安全衛生に関する文中，〔　　〕内に当てはまる，「労働安全衛生法」上に定められている用語または数値を選択欄から選び，答えなさい。

(1) 事業者は，明り掘削の作業を行う場合において，運搬機械などが，労働者の作業箇所に後進して接近するとき，または転落するおそれのあるときは，〔　C　〕者を配置し，その者に〔　C　〕させなければならない。

(2) 事業者は，石綿もしくは石綿をその重量の0.1%を超えて含有する製剤その他の物を取り扱う作業（試験研究のため取り扱う作業を除く）については，〔　D　〕を選任し，その者に作業に従事する労働者が石綿などの粉じんにより汚染され，またはこれらを吸入しないように，作業の方法を決定させ，労働者を指揮させなければならない。

〈選択欄〉

監視　警備　誘導　主任技術者　作業主任者

安全管理者　技能講習　特別の教育　運転教習

解説

〔設問1〕
(1) ガスの容器の温度は，40℃以下に保つ必要があります。
(2) 空気中の酸素濃度が18%未満は酸素欠乏です。必ず18%以上に保つように換気します。

〔設問2〕
(1) 建設現場内で，作業者に接近して運搬機械などを運転する場合，機械を誘導させるために誘導者を配置します。
(2) 石綿を取り扱う作業では，作業主任者を選任します。

解答　A：40　B：18　C：誘導　D：作業主任者

第二次検定

第4章

施工経験記述

1 記述の基本 ・・・・・・・・・・・・・・・・・・・ 352

2 合格答案の書き方 ・・・・・・・・・・・・・ 364

1 記述の基本

まとめ & 丸暗記　　この節の学習内容とまとめ

- □　〔記述例〕

    (1) 工事名

    ○○邸新築工事（排水設備工事）

    ※原則として契約書の件名，管工事であることがわかるような補足

    (2) 工事場所

    ○○県△△市

    ※都道府県名と市（または区・町・村）

    (3) 設備工事概要

    ○○造　△階建て　延べ面積□□m²

    主要機器…●●●　○台　　配管…▲▲▲　△△m　ほか

    ※●●●は機器の仕様，▲▲▲は配管種，径など

    (4) 現場での施工管理上のあなたの立場または役割

    現場主任として，工程管理，品質管理に従事

    ※施工管理の中心的役割を担ったことがわかるように

- □　文の基本

    - 適切な筆記用具を用い，かい書で丁寧に書く
    - 誤字がないこと
    - 専門用語や一般的に使う語句は漢字で書く

出題例と解答例

1 最近の出題例

施工管理技士の試験に施工経験記述という作文が課せられるのは，受験者たちに次の能力があるかを確かめるためです。

①施工管理力

実際に経験した工事で，何を重要と考え，どのような措置，対策を行ったのかを意識して施工管理にあたったのか，ということです。

②国語力

質問に対する考えを，誤字がなく正しい日本語で簡潔な（わかりやすい）文章にすることができるか，ということです。

以上の2つは，主任技術者などとして現場で活躍する立場の者にとって，必須の能力です。それは，もし主任技術者が何を重点的に管理するか，問題が発生した場合の措置や対策がわからないというのでは，十分な施工管理は望めないからです。工期の遅れ，品質価値の劣る施工，災害発生の危険性をはらむおそれがあります。

もう1つは，現場の運営は建築主，作業員ほか多くの関係者との連絡調整が大きな比重を占めているからです。これら関係者と打ち合わせた事項を，正しい言葉で的確に伝える書類を作成することも必要になります。

主任技術者
建設業法で定められた技術者です。2級管工事施工管理技士か，所定の実務経験を有する者です。

連絡調達
工程会議において，建築主や他業者に対し，工事日程を連絡することや，作業手順などを打合せ，調整および作業員に対して会議で決まったことを指示するなど一連のものです。

最近の出題傾向をみると，次の3つの項目から，2項目が出題されています。

- ●工程管理
- ●品質管理
- ●安全管理

出題例は次のとおりです。

問 題 あなたが経験した管工事のうちから，代表的な工事を1つ選び，次の問いに答えなさい。

〔設問1〕その工事につき，次の事項について記述しなさい。
　（1）工事名〔例：◎◎ビル（◇◇邸），□□設備工事〕
　（2）工事場所〔例：◎◎県◇◇市〕
　（3）設備工事概要〔例：工事種目，工事内容，主要機器の能力・台数等〕
　（4）現場でのあなたの立場または役割

〔設問2〕上記工事を施工するに当たり「安全管理」上，あなたが特に重要と考えた事項を1つあげ，それについてとった措置または対策を簡潔に記述しなさい。
　（1）特に重要と考えた事項
　（2）とった措置または対策

〔設問3〕上記工事を施工するに当たり「品質管理」上，あなたが特に重要と考えた事項を1つあげ，それについてとった措置または対策を簡潔に記述しなさい。
　（1）特に重要と考えた事項
　（2）とった措置または対策

2 〔設問1〕の解答例

①工事名の書き方

工事件名は，原則として契約書に記載されたものをそのまま書きます。工事件名から管工事であることがわからない場合は，括弧書きにして管工事の種類を補足記入しておくとよいでしょう。

建物名や施工場所などの名称が付いているものは，その固有名詞も忘れずに書きます。

記述例

【例－1】安部商店給排水設備改修工事
【例－2】ミヤタビル2階改修工事（空調設備改修）

②工事場所の書き方

工事を施工した場所の都道府県名と市区町村名を記載します。

記述例

【例－1】東京都中央区
【例－2】新潟県長岡市

③設備工事概要の書き方

設備工事概要を書くときは，箇条書きでもよいでしょう。一般に，表記すべき内容は，次のとおりです。

- 設備工事の種類
- 工事内容
- 主要機器の能力・台数

【例－1】・給排水設備工事　・事務所（鉄骨造2階建て，延べ面積 180m²）の給排水設備改修工事　・元止め式ガス湯沸器5号3台の更新，給水栓，止水栓等の交換（計8個），25φSGP-VA　約30m　ほか

【例－2】・空調設備工事　・RC造2F部分（90m²）ビル用マルチエアコン7.5kW　2台入替え，冷媒管，ドレン管更新等

④現場でのあなたの立場または役割の書き方

　それぞれの立場から，その工事に直接的に関わったことがわかるように書きます。

◆発注者の場合

　発注者は，監督員，監督職員，主任監督員，工事事務所所長，工事監理者などについて，立場や役割をわかりやすく記述します。

記述例

【例－1】監督員として，現場代理人とともに施工管理全般を行った。

【例－2】発注者の依頼を受け，工事監理者として工程管理，品質管理などを行った。

◆請負者の場合

　請負者は，現場代理人，現場技術員，現場主任，主任技術者，専門技術者，現場事務所所長などについて，立場や役割をわかりやすく記述します。

記述例

【例－1】現場主任として給排水工事全体の施工管理を行い，現場代理人を補佐した。

【例－2】現場代理人として空調設備改修工事の施工管理全般を行った。

3 どんな工事を選ぶか

施工経験記述の問題では，まず，管工事として認められる工事の経験であることが重要です。

また，工期内に完了しなかったものや，安全上問題があったもの，設計図書に記載された品質水準に達しなかったものなどは避けます。途中で多少の困難はあったとしても，最終的には予定どおり完成した工事を選びましょう。

工事経験が豊富な人は，次の2つを条件に選ぶとよいでしょう。

①ある程度の工事規模

あまりに小規模な工事では，「特に重要と考えた事項」「とった措置または対策」に対する適切な解答を複数あげるのは難しいことがあります。

工事金額の記載は求められていないので，請負金額の多い，少ないは直接的には無関係ですが，数十万円程度の工事では一般に工事日数も短く，書ける内容が乏しくなってしまう心配があります。施工経験の豊富な受験者の場合は，金額の大きめなものから絞るとよいでしょう。そのなかから自分にとって書きやすいものを選びましょう。書きやすいとは，出題者の質問に適した解答ができるものということです。つまり，得点が期待できる工事を選ぶということです。

工事経験の少ない，または請負金額の少ない受験者は，そのなかでも工期の長いものや施工管理に留意したものなどから，書けそうなものを選定してください。

いずれにしても，試験の時点ですでに完成している

補足

監督員

公共工事の発注者が使用する用語です。請負者の人が，現場で監督とよばれていたとしても，監督員とは記述しないようにしましょう。「○○監督」「監督○○」という言葉もまぎらわしいので避けたほうがよいでしょう。

工事であることはいうまでもありません。

②他業種と取り合いのある工事

　他の施工業者と並行して行った工事は留意事項も多く，解答選択の幅が広がります。

　なお，単独工事でも留意事項が多く，解答に困らないものは必ずしもこれによることはありません。

　たとえば，次のようなものが留意事項として考えられます。

- 建築工事業者が内装工事を行う前に，壁内の隠ぺい配管を行う。
- 電気工事業者の天井配管と空調ダクト配管とが同時作業となる。
- 土木工事業者の舗装工程と埋設配管の日程調整が必要となる。

4 施工管理の種類

　次の項目は，施工経験記述の設問2，設問3でよく出題されるものです。

①工程管理

　契約書に定められた工期内に順調に完成するように作業工程を組み，他業種との調整など工事監理することです。

　工程管理では，工事の進捗に関することを記述します。一例として，次のものがあります。

- 注文者や監理者との連絡調整
- 他業者との工程調整
- 材料，資機材の手配

　いずれの場合も，工期内に完成した工事を記述しましょう。

②品質管理

　資材，部品の品質の維持および完成品の精度が，設計図書に合致するように管理することです。

　品質管理では，成果品の価値を高めるためにどのようなことを行ったかを記述します。一例として，次のものがあります。

- ●材料検査と材料の保管
- ●施工方法，作業手順書
- ●養生（施工中，施工後）

　品質が設計図書の要求水準に満たないものや，クレームのついた工事の記述は避けましょう。

③安全管理

　現場作業員などの労働災害，および現場付近住民や通行人などの第三者災害（公衆災害）の発生を防止するための，安全に関する管理です。

　なお，労働災害と第三者災害を混同しないようにしましょう。

　安全管理では，作業内容に適した安全管理であることが重要です。一例として，次のものがあります。

- ●高天井での作業（高所作業）
- ●クレーンによる資機材の積み下ろし
- ●アーク溶接使用時

　いずれの場合も，無事故で完成した工事を記述しましょう。

補足

隠ぺい配管
管や保温材などが，建築仕上げ材により隠れて見えなくなります。建築の元請けや内装工事の業者と打合せをし，先行して作業する必要があります。

同時作業
同じ場所において，他業者と作業が重なることをいいます。綿密な工程調整が必要となります。

材料検査
工事に使用する材料の数量，仕様に間違いはないか，破損しているものはないかなど，材料搬入時に行う検査です。合格した材料のみ使用できます。

労働災害
建設工事により，その現場の労働者が被る災害です。

第三者災害（公衆災害）
建設工事により，近隣住民，たまたま通りかかった通行人などが被る災害です。

文の作成

1 文の基本

　文を書くときは，次のことに留意して記述します。

①適切な筆記用具を使用する

　シャープペンシルかエンピツを使用します。芯の濃さはHBとなっていますが，筆圧の弱い人はBがよいでしょう。

②かい書で丁寧に書く

　くずし字や自己流の読みにくい文字は，採点者の心情を害するおそれがあります。なぐり書きは論外です。

③誤字がない

　事前に想定問題で解答案を練っておき，国語辞典で誤字のないことを確認しておきましょう。

④漢字を使う

　簡単な言葉や一般的に使う語句は漢字で書きましょう。

　【例】すいあつしけん→水圧試験

　　　ちょうれい→朝礼　　　かいしゅう→改修

2 文をつくる

　文をつくる際の留意点は，次のとおりです。

①適切な言葉を使用する

　次の例には，不適当な言葉が5つあります。アンダーラインの部分です。

例

内装屋さんと工程がだぶってしまい，ずいぶん待たされたので，その後の工程調整に苦労したがなんとか完了した。

改良例

内装工事業者と工事日程が重なり，手待ちとなったが，工程調整を行うことにより工期内に完了した。

補足

適切な筆記用具
芯の濃さはＨＢかＢが最適です。シャープペンシルの場合，太さは０.５mm以上としましょう（あまり太すぎてもいけません）。

「内装屋さん」の「○○屋」という表現がまずいけません。現場で使う俗語的表現です。「さん」も軽い感じなのでやめましょう。

「だぶる」「ずいぶん」「なんとか」も話し言葉なので，文には不適当です。また，「苦労した」は，感想を述べているだけで好ましくありません。

②専門用語を使用する

管工事で使用する専門用語を用います。次の例では，防振継手が専門用語です。

専門用語
学術的用語だけでなく，現場の状況が，的確に把握できる言葉も含みます。

例

ポンプの振動が配管に伝わらないようにした。

改良例

ポンプの振動が配管に伝わらないように防振継手を用いた。

「ポンプの振動が配管に伝わらないようにした」は，文としては間違いではありません。しかし，何を用いて伝わらないようにしたかを記述することで，より専門的，具体的な文になります。

③簡潔な表現を使用する

　簡単で明瞭な表現を心がけます。

例

天井の給水配管のつなぎ目から水が漏れると，下の商品が濡れてしまい大変な問題となるので，つなぎ目から漏水がないように，塩ビ管のつなぎ目の部分には，指定された接着剤を使って漏れないようにすることを重要と考えた。(103文字)

改良例

天井給水配管からの漏水による商品の水損を防ぐため，塩ビ管の接続箇所に，指定の接着剤を使用することを重要と考えた。(56文字)

　「つなぎ目」「漏れ」という同種の言葉が多用されていることで，回りくどくわかりにくい文になっています。言葉の重複はできるだけ避けます。言葉と内容の集約により，約半分の文字数で，簡潔に表現できました。

3 　文の長さを調節する

①文を長くしたい

　解答用紙の記述スペースに対し，文字数が足りない場合は，次のようにして内容を膨らませます。

例

朝礼のときに，作業の安全について話した。

改良例

朝礼時にTBMを行い，本日予定の天井裏配管作業における墜落，転落災害について注意喚起した。

まず，朝礼時に行ったTBM（安全常会）というキーワードを入れます。次に，「作業の安全」だけでは内容がわからず，どのような作業に，どういう危険が潜んでいるのか，具体的な作業，場所や災害の種類を記載します。

②文を短くしたい

記述スペースを超過し，不要と思われる箇所を削除したい場合です。文を長くしたいときの逆で，無駄と思われる箇所を削除します。ただし，単純にその部分だけ削ったときに，前後のつながりがおかしくなることがあるので注意しましょう。

例

工事現場は，施設側の職員が仕事をしながらの現場であり，廊下などを長物の配管を運搬すると危ないことが考えられるし，配管の先端が壁などに当たると建物を損傷するおそれもあるため，資機材の搬入経路はできるだけ職員との動線が交差しない経路とし，配管などの長物は早朝に搬入したり，運搬には注意を払うようにした。（149文字）

改良例

施設側の職員が仕事をしながらの現場であり，資機材の搬入経路はできるだけ職員と動線の交差しない経路とし，配管などの長物は早朝に搬入した。（67文字）

※建物の破損は削除し，第三者災害に絞って記述しました。

補足

TBM
Tool Box Meeting の略。職人たちが道具箱に腰をかけ，その日の行う作業の安全について話し合ったという，アメリカの風習に基づく言葉です。「安全常会」と訳されています。

キーワード
文の内容を端的に表す重要な言葉です。

2 合格答案の書き方

まとめ & 丸暗記　　この節の学習内容とまとめ

☐　減点・不合格答案
次の場合，減点または不合格となる。

◆題意に適さない
【例】安全管理の質問に対し，工程管理のことを書く。

◆失敗事例を書く
【例】工期が守れなかったことや，施主の要求品質が確保できなかった。

◆社会通念上好ましくない
【例】工期を守るために，住民との約束を守らず深夜，休日に作業した。

◆誤解される表現
【例】気の緩みによる低所からの転落災害を防止する。
　　※低所であっても気が緩むと危険である，ということを意図した記述でも，高所の誤りでは？　と解釈されるおそれがある。表現のまずさから，採点者に誤解されかねない。

◆あいまい
【例】作業の工程が厳しいので，工程管理をしっかり行う。
　　※しっかりとはどういうことか，説明が不十分。伝えたいことを簡潔に表現することが大切。

☐　合格答案
①題意に適した**内容**　　②簡潔，明瞭
　　※自身の経験であること。

減点答案・合格答案

1 減点答案から合格答案へ

　工程管理，安全管理，品質管理の記述問題について，減点答案と合格答案を示していますので，改善点を理解しましょう。記述・表現などの問題点に下線が引いてあります。

①工程管理に関する記述問題の書き方

> 問題 あなたが経験した管工事を施工するに当たり「工程管理」上，特に重要と考えた事項についてとった措置または対策を簡潔に記述しなさい。

【減点答案】

　建築屋さんの外部の仮設足場が工期のギリギリまで残っていると，その下の排水管や給水管の埋設工事ができなくなるので，現場監督と打ち合わせて，なんとか足場の設置を遅らせてもらい，足場のかかる地面の下を通る管の埋設を先に行った。

　伝えたいことはわかりますが，1つの文としてはかなり長く，簡潔な記述とはいえません。言葉づかいの不適切な箇所も目立ちます。このような場合，次のように文章を書くとよいでしょう。

【合格答案】

　足場解体が工期末になることが予想されるため，建

補足

建築屋さん
作業現場では，このほかに電気工事業者のことを「電気屋さん」と呼ぶなど，同じような事例が多くあります。現場では，こうした呼び方でも通じますが，試験で記述するのは不適切です。

ギリギリ
同種の言葉として，「どんどん」「スイスイ」なども使用しないようにしましょう。

築請負者と調整し，外部足場をかける前に，建物外周部の埋設配管の一部を先行して施工した。

②安全管理に関する記述問題の書き方

> 問題 あなたが経験した管工事を施工するに当たり「安全管理」上，特に重要と考えた事項についてとった措置または対策を簡潔に記述しなさい。

【減点答案】

　屋上に空調の室外機を設置するため，クレーンで揚重するため，通行人が工事区域に立ち入ると危険なため，監視人を置き，労働災害に遭わないようにした。

　この答案は，「〜するため」が多すぎます。また，通行人が被るのは，労働災害ではなく第三者災害（公衆災害）ですので，意味を取り違えています。このような場合，次のように文章を書くとよいでしょう。

【合格答案】

　屋上に空調室外機をクレーンで揚重する際，通行人が工事区域に立ち入らないように監視人を置き，公衆災害の防止に努めた。

③品質管理に関する記述問題の書き方

> 問題 あなたが経験した管工事を施工するに当たり「品質管理」上，特に重要と考えた事項についてとった措置または対策を簡潔に記述しなさい。

【減点答案】

　空調室内機が天井埋込み式で，ドレン管からの漏水で，商品に水損事故を起こさないようにするため，品質管理を行った。

補足

ドレン管
空調機からの排水を流
す管です。

　この答案では，どのような品質管理を行ったのか記述されていません。このような場合，次のように文章を書くとよいでしょう。

【合格答案】

　天井埋込み室内機のドレン管から，漏水による水損事故を防止するため，TS継手の接着剤の塗布量，押さえの時間などを作業員に指導した。

TS継手
硬質塩化ビニル管に使
用される継手で，接着
剤を用います。

2　記述問題の答え方

問　題　「○○管理」上，特に重要と考えた事項についてとった措置または対策を簡潔に記述しなさい。

　答え方には，次のようなパターンがあります。

①重要事項＋措置・対策のパターン

　「○○を特に**重要と考え**，△△を行った。」など，重要と考えた事項を書いてから，とった措置，対策を記述します。※○○には**重点事項を書きます**。

【解答例】 工期内に試験成績表を提出することを特に
　　重要と考え，配管取付け時点でフォローアップを
　　行った。

②理由＋措置・対策のパターン

　「○○**するため**，△△を行った。」「○○**なので**，△△を行った。」など，重要と考えた事項の理由を書いてから措置・対策を記述します。※○○には**理由を書きます**。

フォローアップ
工期途中で工程を見直
し，以降の工程を作り
かえることです。一般
に，遅れが生じたとき
に行います。

【解答例－1】設計変更による工程の遅れに対処するため，配管取付け終了時点で，フォローアップを行った。

【解答例－2】設計変更により工程に遅れが生じたので，配管取付け終了時点で，フォローアップを行った。

③措置・対策のパターン

「○○を行った。」など，重要と考えた事項，理由は書かずに，工程管理上の措置または対策だけを記述します。「措置または対策」の記述だけで，「特に重要と考えた事項」が明白な場合にはこのパターンでもよいでしょう。ただし，記述することがたくさんあり，内容が濃くないとスペースが余るおそれがあるので注意しましょう。

【解答例】配管取付け作業が終了した時点で，後続する水圧試験，保温材巻き数を精査し，フォローアップを行った。

なお，①～③のパターンにおいても，措置や対策が複数ある場合は，箇条書きで答えてもよいでしょう。

過去問にチャレンジ！

問1　　　　　　　　　　　　　　難　**中**　易

あなたが経験した管工事のうちから，代表的な工事を1つ選び，次の設問1～3の答えを記述しなさい。

〔設問1〕その工事につき，次の事項について記述しなさい。
(1) 工事名〔例：◎◎ビル（◇◇邸）□□設備工事〕
(2) 工事場所〔例：◎◎県◇◇市〕
(3) 設備工事概要〔例：工事種目，工事内容，主要機器の能力・台数等〕
(4) 現場でのあなたの立場または役割

〔設問2〕前記工事を施工するに当たり「安全管理」上，あなたが特に重要と考えた事項についてとった措置または対策を簡潔に記述しなさい。

〔設問3〕前記工事を施工するに当たり「品質管理」上，あなたが特に重要と考えた事項についてとった措置または対策を簡潔に記述しなさい。

解　説

〔設問1〕は，自身が経験した工事を紹介する部分です。これが，〔設問2〕，〔設問3〕とかみ合っていることが大事です。本書の解答例などを参考に，自分の経験に合致するように書き直してください。

解答例

〔設問1〕

（1）工事名

　山田ビル給排水設備改修工事

（2）工事場所

　神奈川県茅ヶ崎市

（3）設備工事概要

　給水設備，排水設備一式，鉄骨造，3階建て，延べ面積270m²の事務所におけるライニング鋼管，塩化ビニル管など更新（管長計約300m）

（4）現場でのあなたの立場または役割

　現場代理人

〔設問2〕

　バックホウによる挟まれ災害を防止するため，作業場内にロープを張り，かつ，進入禁止の表示をした。

〔設問3〕

　排水の円滑な流れを確保するため，レベルにより定められた勾配をとり，懐中電灯と鏡で管路の軸が直線であることを確認した。

練習問題

第 **1** 章 　設計図と施工 ・・・・・・・・・・・・ 372

第 **2** 章 　工程管理 ・・・・・・・・・・・・・・・ 376

第 **3** 章 　法規 ・・・・・・・・・・・・・・・・・・ 380

練習問題（第二次検定）

第1章　設備図と施工

▶ 設備図

問1 次の設問1〜設問3の答えを記述しなさい。

〔設問1〕次の（1）〜（5）の記述について，適当な場合には○を，適当でない
　　　　 場合には×を記入しなさい。

(1) 自立機器で縦横比の大きいパッケージ形空気調和機や制御盤等への頂部
　　支持材の取付けは，原則として，2箇所以上とする。
(2) 汚水槽の通気管は，その他の排水系統の通気立て管を介して大気に開放する。
(3) パイプカッターは，管径が小さい銅管やステンレス鋼管の切断に使用される。
(4) 送風機とダクトを接続するたわみ継手の両端のフランジ間隔は，50mm以
　　下とする。
(5) 長方形ダクトのかどの継目（はぜ）は，ダクトの強度を保つため，原則と
　　して，2箇所以上とする。

〔設問2〕(6) 及び (7) に示す図について，適切でない部分の理由又は改善策を
　　　　 記述しなさい。

〔設問3〕(8) に示す図について，適切でない部分の理由又は改善策を，①に給
　　　　 水設備について，②に排水・通気設備について，それぞれ記述しなさ
　　　　 い。ただし，配管口径に関するものは除く。

(6) 送風機回りダンパー取付け要領図

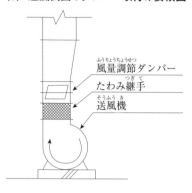

風量調節ダンパー
たわみ継手
送風機

(7) パッケージ形
空気調和機屋外機設置要領区

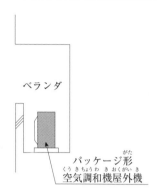

ベランダ

パッケージ形
空気調和機屋外機

(8) 中間階便所平面詳細図

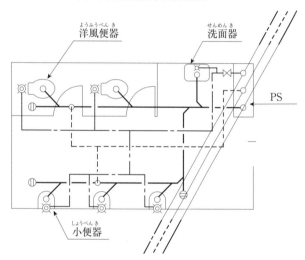

洋風便器
洗面器
PS
小便器

〔設問1〕

(1) 自立機器で縦横比の大きいパッケージ形空気調和機や制御盤等は，床面
にアンカーボルトで固定しますが，それだけでは地震時の揺れで転倒す
るおそれがあります。機器頂部を2箇所以上で固定します。　　▶解答 ○

(2) 汚水槽の通気管は，管径50mm以上とし，他の排水系統の通気立て管に接続することなく，単独で大気に開放します。　　　　　　　▶解答 ×

(3) パイプカッターは，管の周囲をローラー刃で回転させながら絞り込んで切断します。管径が小さい銅管やステンレス鋼管の切断に使用されます。なお，塩ビ管，鋼管などでは使用できません。　　　　　▶解答 ○

(4) 送風機とダクトを接続する場合，振動の伝搬を防止するため，たわみ継手の両端のフランジ間隔は，150mm以上とします。　　　　　▶解答 ×

(5) 長方形ダクトのかどの継目（はぜ）は，ダクトの強度を保つため，原則として，2箇所以上とします。大型のダクトではすべての箇所（4カ所）とする場合もあります。　　　　　　　　　　　　　　　　▶解答 ○

〔設問2〕

▶解答（6）【解答例1】送風機とダクトを接続するたわみ継手の直後に風量調節ダンパーがあり，風量が乱れて的確な風量調節ができない。
　　　　　　【解答例2】風量調節ダンパーは，送風機近くでなく，ダクト拡大後の整流された位置に取り付ける。
　　　　　　※【解答例1】は理由，【解答例2】は改善策である。理由または改善策なので，いずれかを解答します。

▶解答（7）【解答例1】屋外機の前面にベランダの壁があり，排気空気を吸い込むショートサーキットが起こり，冷暖房効果が低下する。
　　　　　　【解答例2】ベランダに架台を設置してその上に屋外機を置くか，天吊りとして屋外機の前面に壁がないようにする。

〔設問3〕

▶解答（8）①給水設備
　　　　　　【解答例1】小便器3個への給水が撞木配管となっており，流水量が左右でアンバランスになる。
　　　　　　【解答例2】T字管を用いて左2個の小便器へ分流させ，右の小便器にはエルボを用いて振り分ける。

　　　　　　②排水・通気設備
　　　　　　【解答例1】大便器系統の通気管と小便器系統の通気管が床下で接続されており，片方の排水管に詰まりが生じると，もう一方に流入するおそれがある。
　　　　　　【解答例2】大便器系統と小便器系統の通気管をそれぞれ単独で配管し，PS内の通気立て管に，最高位のあふれ縁より150mm以上高い位置で接続する。

問1 換気設備のダクトをスパイラルダクト（亜鉛鉄板製，ダクト径200mm）で施工する場合，次の（1）〜（4）に関する留意事項を，それぞれ具体的かつ簡潔に記述しなさい。

ただし，工程管理及び安全管理に関する事項は除く。

（1）スパイラルダクトの接続を差込接合とする場合の留意事項

（2）スパイラルダクトの吊り又は支持に関する留意事項

（3）スパイラルダクトに風量調節ダンパーを取り付ける場合の留意事項

（4）スパイラルダクトが防火区画を貫通する場合の貫通部処理に関する留意事項　（防火ダンパーに関する事項は除く。）

解説

▶解答

【解答例】

（1）継手をダクトに差し込み，鋼製ビスで固定後，ダクト用テープを二重巻きする。

（2）4m以下の間隔で，吊りボルト等で吊る。

（3）風量調節ダンパーは，気流の整流されたところに設置する。

（4）貫通部のすき間は，モルタルまたはロックウール保温材を充てんする。

問2 給水管（水道用硬質ポリ塩化ビニル管，接着接合）を屋外埋設する場合，次の（1）〜（4）に関する留意事項を，それぞれ具体的かつ簡潔に記述しなさい。

ただし，工程管理及び安全管理に関する事項は除く。

（1）管の埋設深さに関する留意事項

（2）排水管との離隔に関する留意事項

（3）水圧試験に関する留意事項

（4）管の埋戻しに関する留意事項

第2章 **工程管理**

▶ 工程表

問1 ある建築物を新築するにあたり，ユニット形空気調和機を設置する空気調和設備の作業名，作業日数，工事比率が下記の表及び施工条件のとき，次の設問1～設問3の答えを記述しなさい。

作業名	作業日数	工事比率
準備・墨出し	2日	2%
コンクリート基礎打設	1日	3%
水圧試験	2日	5%
試運転調整	2日	5%
保温	3日	15%
ダクト工事	3日	18%
空気調和機設置	2日	20%
冷温水配管	4日	32%

（注）表中の作業名の記載順序は，作業の実施順序を示すものではありません。

〔施工条件〕

①準備・墨出しの作業は，工事の初日に開始する。

②各作業は，相互に並行作業しないものとする。

③各作業は，最早で完了させるものとする。

④コンクリート基礎打設後5日間は，養生のためすべての作業に着手できないも

のとする。

⑤コンクリート基礎の養生完了後は，空気調和機を設置するものとする。

⑥空気調和機を設置した後は，ダクト工事をその他の作業より先行して行うものとする。

⑦土曜日，日曜日は，現場の休日とする。ただし養生期間は休日を使用できるものとする。

〔設問1〕バーチャート工程表及び累積出来高曲線を作成し，次の（1）及び（2）に答えなさい。

ただし，各作業の出来高は，作業日数内において均等とする。

（バーチャート工程表及び累積出来高曲線の作成は，採点対象外です。）

（1）工事全体の工期は何日になるか答えなさい。

（2）①工事開始後18日の作業終了時点での累積出来高を答えなさい。

②その日に行われた作業の作業名を答えなさい。

〔設問2〕工期短縮のため，ダクト工事，冷温水配管及び保温の各作業については，下記の条件で作業を行うこととした。バーチャート工程表及び累積出来高曲線を作成し，次の（3）及び（4）に答えなさい。

ただし，各作業の出来高は，作業日数内において均等とする。

（バーチャート工程表及び累積出来高曲線の作成は，採点対象外です。）

（条件）①ダクト工事は1.5倍，冷温水配管は2倍，保温は1.5倍に人員を増員し作業する。なお，増員した割合で作業日数を短縮できるものとする。

②も冷温水配管と同じ割合で短縮できるものとする。

（3）工事全体の工期は何日になるか答えなさい。

（4）①工事開始後18日の作業終了時点での累積出来高を答えなさい。

②その日に行われた作業の作業名を答えなさい。

〔設問3〕累積出来高曲線が，その形状から呼ばれる別の名称を記述しなさい。

〔設問1〕作業用

作 業 名	工事比率%	月 日 曜日																月															累積比率%
			1 月	2 火	3 水	4 木	5 金	6 土	7 日	8 月	9 火	10 水	11 木	12 金	13 土	14 日	15 月	16 火	17 水	18 木	19 金	20 土	21 日	22 月	23 火	24 水	25 木	26 金	27 土	28 日	29 月	30 火	31 水	
準備・墨出し																																		100 90
																																		80
																																		70
																																		60
																																		50
																																		40
																																		30
																																		20
																																		10
																																		0

〔設問2〕作業用

作 業 名	工事比率%	月 日 曜日																月															累積比率%
			1 月	2 火	3 水	4 木	5 金	6 土	7 日	8 月	9 火	10 水	11 木	12 金	13 土	14 日	15 月	16 火	17 水	18 木	19 金	20 土	21 日	22 月	23 火	24 水	25 木	26 金	27 土	28 日	29 月	30 火	31 水	
準備・墨出し																																		100 90
																																		80
																																		70
																																		60
																																		50
																																		40
																																		30
																																		20
																																		10
																																		0

解説

〔設問1〕

　バーチャート工程表と累積出来高曲線を作成すると図のようになります。

左隅に日数を書き込んでおくと便利です。

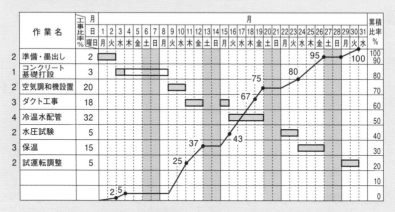

（1）工事は30日に完成します。

▶解答　（1）30日　（2）① 67%　② 冷温水配管

〔設問2〕

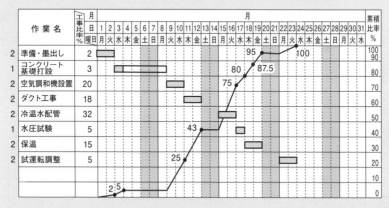

人員を増やした工事は，日数が短縮できます。

バーチャート工程表と累積出来高曲線を作成すると図のようになります。

▶解答　（3）23日　（4）① 87.5%　② 保温

〔設問3〕　　　　　　　　　　　　　　　　　　　　　　　　　▶解答　Ｓ字曲線

▶ 労働安全衛生法

問1 次の設問1及び設問2の答えを記述しなさい。

〔設問1〕クレーン機能付き油圧ショベルの運転業務に関する文中，〔 A 〕～
〔 D 〕に当てはまる「労働安全衛生法」又は「労働基準法」に定め
られている語句又は数値を選択欄から選択して記入しなさい。

　　クレーン機能付き油圧ショベルを操作して掘削作業を行う場合，操作す
る車両の重量（機体重量）が3トン以上の場合は，車両系建設機械の運転
の業務に係る〔 A 〕を修了した者等の有資格者が行わなければならな
い。また，クレーン機能を利用してつり上げ作業を行う場合は，つり上げ
荷重に応じた〔 B 〕クレーン運転の有資格者が車両を操作し，つり上
げ作業に伴う玉掛けの作業は，つり上げ荷重に応じた玉掛け作業の有資格
者が行わなければならない。
　　なお，〔 C 〕歳未満の者をクレーンの運転業務，補助業務を除く玉
掛けの業務及び高さが〔 D 〕メートル以上の墜落のおそれがある場所
での業務に就かせてはならない。

2,	5,	15,	18,	特別教育
技能講習		床上操作式		移動式

〔設問2〕建設工事現場における労働安全衛生に関する文中，〔 E 〕に当ては
まる「労働安全衛生法」に定められている数値を記述しなさい。

　　事業者は，足場（一側足場及び吊り足場を除く。）における高さ2メート
ル以上の作業場所に設ける作業床は，幅〔 E 〕センチメートル以上と

し，床材間のすき間は3センチメートル以下としなければならない。

解説

〔設問1〕

[A] 車両系建設機械の運転において，機体重量が3トン未満であれば特別の教育を受けた者で可能ですが，3トン以上ある場合は技能講習を修了した者等の有資格者が行わなければなりません。

[B] つり上げ作業を行うクレーンは，移動式クレーン運転の有資格者が行います。つり上げ荷重1トン未満は特別の教育，1トン以上5トン未満は技能講習，5トン以上は免許が必要です。

[C] 18歳未満は，クレーンの運転，補助業務を除いた玉掛け作業に就かせることはできません。

[D] 18歳未満は，高さ5m以上で墜落の危険がある場所での作業に就かせることはできません。

▶解答 A：技能講習　B：移動式　C：18　D：5

〔設問2〕

[E] 一側足場と吊り足場を除いた一般の足場は，高さ2m以上で使用する作業床は，幅40cm以上で，すき間は3cm以下であることが定められています。

▶解答 E：40

▶ **記述**

問1 あなたが経験した管工事のうちから，代表的な工事を1つ選び，次の設問1〜設問3の答えを記述しなさい。

〔設問1〕その工事につき，次の事項について記述しなさい。
　　　　(1) 工事名〔例：○○ビル（◇◇邸）□□設備工事〕
　　　　(2) 工事場所〔例：○○県◇◇市〕

(3) 設備工事概要〔例：工事種目，工事内容，主要機器の能力・台数等〕

(4) 現場でのあなたの立場又は役割

〔設問2〕上記工事を施工するにあたり「工程管理」上，あなたが特に重要と考えた事項を記述しなさい。

また，それについてとった措置又は対策を簡潔に記述しなさい。

〔設問3〕上記工事を施工するにあたり「安全管理」上，あなたが特に重要と考えた事項を記述しなさい。

また，それについてとった措置又は対策を簡潔に記述しなさい。

解説

〔設問1〕

▶解答

【解答例】

(1) 工事名
　　○○事務所空調設備更新工事

(2) 工事場所
　　広島県呉市

(3) 設備工事概要
　　事務所3Fの会議室（144㎡と84㎡）の既存空調設備改修一式。空冷ヒートポンプマルチエアコン○○kW1台及び，○○kW1台　冷媒管，ドレン管の更新等

(4) 現場でのあなたの立場又は役割
　　現場代理人

〔設問2〕

▶解答

【解答例】

(1) 同じ場所で照明器具改修（電気工事）があり，同時並行作業を極力避け，工期内に完了すること。

(2) 電気工事業者と作業時間帯の区分けを調整した。金曜日は屋外機廻りの単独作業とし，室内作業は土曜日を電気工事，日曜日は当方の作業に当てることにした。

〔設問3〕

▶解答

【解答例】

(1) 屋上に設置する室外機をクレーンで揚重する際，吊り荷の落下による落下災害を防止すること。

(2) クレーンの周囲に安全コーン等で区切り，監視人を配置した。また，作業前にTBMを行い，周囲に人がいないことを確認してから作業することを徹底した。

索 引

あ 行

亜鉛めっき ・・・・・・・・・・・・・ 217
アスファルト ・・・・・・・・・ 229
アスペクト比 ・・・・・・・・・ 155
圧縮式冷凍機 ・・・・・・・・・ 139
圧縮性流体 ・・・・・・・・・・・・ 19
圧力損失 ・・・・・・・・・・・・・・ 23
あばら筋 ・・・・・・・・・・・・・・ 47
あふれ縁 ・・・・・・・・・・・・・ 308
アルカリ性 ・・・・・・・・・・・・ 15
アンカーボルト ・・・・・・・ 199
アングル ・・・・・・・・・・・・・ 210
アングルフランジ工法 ・・・ 212
安全衛生推進者 ・・・・・・・・ 223
安全衛生責任者 ・・・・・・・・ 346
安全管理 ・・・・・・・・・・・・・ 354
安全管理者 ・・・・・・・・・・・ 223
案内羽根 ・・・・・・・・・・・・・ 155
硫黄酸化物 ・・・・・・・・・・・・・ 3
イオン化傾向 ・・・・・・・・・ 218
異形棒鋼 ・・・・・・・・・・・・・・ 47
異種金属接触腐食 ・・・・・・・ 218
1号消火栓 ・・・・・・・・・・・ 125
一酸化炭素 ・・・・・・・・・・・・ 10
一般建設業許可 ・・・・・・・・ 237
一般廃棄物 ・・・・・・・・・・・ 247
移転 ・・・・・・・・・・・・・・・・・ 229
移動はしご ・・・・・・・・・・・ 194
インテリア ・・・・・・・・・・・・ 58
インバータ ・・・・・・・・・・・・ 42
インバート枡 ・・・・・・・・・・ 99
ウェア ・・・・・・・・・・・・・・・ 117
ウォータハンマ現象 ・・・・・ 25
雨水 ・・・・・・・・・・・・・・・・・ 97
渦巻きポンプ ・・・・・・・・・ 146
ウレタンフォーム ・・・・・・ 216
上向き配管 ・・・・・・・・・・・・ 67
エアチャンバー ・・・・・・・・ 105
衛生管理者 ・・・・・・・・・・・ 223

液化塩素 ・・・・・・・・・・・・・・ 95
液化石油ガス ・・・・・・・・・ 130
液化天然ガス ・・・・・・・・・ 130
液体 ・・・・・・・・・・・・・・・・・ 27
エネルギー保存の法則 ・・・・ 23
エリミネータ ・・・・・・・・・・ 55
エルボ ・・・・・・・・・・・・・・・ 155
遠心送風機 ・・・・・・・・・・・ 145
塩素剤 ・・・・・・・・・・・・・・・ 92
オイル阻集器 ・・・・・・・・・ 118
オーバーフロー管 ・・・・・・ 143
オームの法則 ・・・・・・・・・・ 35
屋内消火栓設備 ・・・・・・・・ 125
汚水 ・・・・・・・・・・・・・・・・・ 97
オゾン層 ・・・・・・・・・・・・・・・ 5
帯筋 ・・・・・・・・・・・・・・・・・ 47
帯のこ盤 ・・・・・・・・・・・・・ 208
温室効果ガス ・・・・・・・・・・・ 4
温水循環ポンプ ・・・・・・・・ 68
温水暖房 ・・・・・・・・・・・・・・ 68
温水ボイラ ・・・・・・・・・・・・ 68

か 行

加圧送水装置 ・・・・・・・・・ 126
外気 ・・・・・・・・・・・・・・・・・ 60
外気冷房 ・・・・・・・・・・・・・・ 57
開先加工 ・・・・・・・・・・・・・ 207
改築 ・・・・・・・・・・・・・・・・・ 229
開放型スプリンクラー ・・・ 128
開放式ガス機器 ・・・・・・・・ 132
開放式膨張タンク ・・・・・・・ 70
開放式冷却塔 ・・・・・・・・・ 141
回路計 ・・・・・・・・・・・・・・・ 41
可視線 ・・・・・・・・・・・・・・・・・ 5
加湿器 ・・・・・・・・・・・・・・・ 61
ガス瞬間湯沸器 ・・・・・・・・ 109
ガスヒートポンプ冷暖房機
・・・・・・・・・・・・・・・・・・・ 74
仮設計画 ・・・・・・・・・・・・・ 168

架設通路 ・・・・・・・・・・・・・ 194
型枠 ・・・・・・・・・・・・・・・・・ 46
可聴周波数 ・・・・・・・・・・・・ 15
各個通気 ・・・・・・・・・・・・・ 121
活性汚泥法 ・・・・・・・・・・・ 134
可とう管継手 ・・・・・・・・・ 209
加熱コイル ・・・・・・・・・・・・ 61
過負荷 ・・・・・・・・・・・・・・・ 38
かぶり厚さ ・・・・・・・・・・・・ 48
釜場 ・・・・・・・・・・・・・・・・ 204
ガラリ ・・・・・・・・・・・・・・・ 79
乾き空気 ・・・・・・・・・・・・・・ 11
還気 ・・・・・・・・・・・・・・・・・ 60
乾球温度 ・・・・・・・・・・・・・・・ 8
管渠 ・・・・・・・・・・・・・・・・・ 99
管心接合 ・・・・・・・・・・・・・・ 99
環水槽 ・・・・・・・・・・・・・・・ 67
間接排水 ・・・・・・・・・・・・・ 119
完全流体 ・・・・・・・・・・・・・・ 21
管端防食継手 ・・・・・ 150, 207
管頂接合 ・・・・・・・・・・・・・・ 99
貫通処理 ・・・・・・・・・・・・・ 303
管底接合 ・・・・・・・・・・・・・・ 99
監督職員 ・・・・・・・・・・・・・ 167
ガントチャート工程表 ・・・ 176
監理技術者 ・・・・・・・・・・・ 242
管理図 ・・・・・・・・・・・・・・・ 188
機械換気 ・・・・・・・・・・・・・・ 78
機械排煙 ・・・・・・・・・・・・・・ 85
気体 ・・・・・・・・・・・・・・・・・ 27
技能講習 ・・・・・・・・・・・・・ 225
揮発性有機化合物 ・・・・・・・ 11
逆サイホン作用 ・・・・・・・・ 104
逆止め弁 ・・・・・・・・・・・・・ 152
脚立 ・・・・・・・・・・・・・・・・ 194
給気 ・・・・・・・・・・・・・・・・・ 60
給気口 ・・・・・・・・・・・・・・・ 77
吸収式冷凍機 ・・・・・・・・・ 140
給水装置 ・・・・・・・・・・・・・・ 91

給水装置工事主任技術者
　‥‥‥‥‥‥‥‥‥‥‥‥‥ 94
凝縮器 ‥‥‥‥‥‥‥‥‥‥‥ 73
凝縮潜熱 ‥‥‥‥‥‥‥‥‥ 67
強制給排気式（FF 式）‥‥ 132
居室 ‥‥‥‥‥‥‥‥‥‥‥ 228
金属管 ‥‥‥‥‥‥‥‥‥‥ 40
空気調和機 ‥‥‥‥‥‥‥‥ 55
空気ろ過装置 ‥‥‥‥‥‥‥ 55
グラスウール ‥‥‥‥‥‥ 158
グリース阻集器 ‥‥‥‥‥ 118
クリティカルパス ‥‥‥‥ 177
クリモグラフ ‥‥‥‥‥‥‥ 5
グローブ温度計 ‥‥‥‥‥‥ 9
クロスコネクション ‥‥‥ 103
結合点（イベント）‥‥‥ 178
欠相保護 ‥‥‥‥‥‥‥‥‥ 38
結露 ‥‥‥‥‥‥‥‥‥‥‥ 13
原水 ‥‥‥‥‥‥‥‥‥‥‥ 91
建設業 ‥‥‥‥‥‥‥‥‥ 235
建設業許可 ‥‥‥‥‥‥‥ 237
建設工事 ‥‥‥‥‥‥‥‥ 235
建築 ‥‥‥‥‥‥‥‥‥‥ 229
建築確認 ‥‥‥‥‥‥‥‥ 172
建築設備 ‥‥‥‥‥‥‥‥ 228
建築物 ‥‥‥‥‥‥‥‥‥ 227
建築面積 ‥‥‥‥‥‥‥‥ 230
顕熱 ‥‥‥‥‥‥‥‥‥‥‥ 28
顕熱比 ‥‥‥‥‥‥‥‥‥‥ 29
顕熱負荷 ‥‥‥‥‥‥‥‥‥ 64
現場説明書 ‥‥‥‥‥‥‥ 163
現場代理人 ‥‥‥‥‥‥‥ 242
公共工事標準請負契約約款
　‥‥‥‥‥‥‥‥‥‥‥‥‥ 161
後見人 ‥‥‥‥‥‥‥‥‥ 252
硬質ウレタンフォーム ‥ 159
硬質ポリ塩化ビニル管 ‥ 150
合成樹脂管 ‥‥‥‥‥‥‥‥ 40
剛接合 ‥‥‥‥‥‥‥‥‥‥ 51
高置水槽 ‥‥‥‥‥‥‥‥ 107
高調波 ‥‥‥‥‥‥‥‥‥‥ 43
工程管理 ‥‥‥‥‥‥‥‥ 354
工程表 ‥‥‥‥‥‥‥‥‥ 171

交流 ‥‥‥‥‥‥‥‥‥‥‥ 36
向流形冷却塔 ‥‥‥‥‥‥ 141
合流式 ‥‥‥‥‥‥‥‥‥‥ 98
コーナーボルト工法 ‥‥‥ 212
小型貫流ボイラ ‥‥‥‥‥ 142
国土交通大臣 ‥‥‥‥‥‥ 238
固体 ‥‥‥‥‥‥‥‥‥‥‥ 27
骨材 ‥‥‥‥‥‥‥‥‥‥‥ 45
コンクリート ‥‥‥‥‥‥‥ 45

さ 行

サーモスタット ‥‥‥ 55, 144
砕石基礎 ‥‥‥‥‥‥‥‥ 101
最早開始時刻（EST）‥‥‥ 179
最遅完了時刻（LFT）‥‥‥ 179
サイホン式 ‥‥‥‥‥‥‥ 117
先止め式湯沸器 ‥‥‥‥‥ 112
作業主任者 ‥‥‥‥‥‥‥ 224
作業標準書 ‥‥‥‥‥‥‥ 171
作業床 ‥‥‥‥‥‥‥‥‥ 193
雑排水 ‥‥‥‥‥‥‥‥‥‥ 97
サドル付き分水栓 ‥‥‥‥ 93
産業医 ‥‥‥‥‥‥‥‥‥ 223
産業廃棄物 ‥‥‥‥‥‥‥ 247
産業廃棄物管理票 ‥‥‥‥ 248
酸性 ‥‥‥‥‥‥‥‥‥‥‥ 15
酸性雨 ‥‥‥‥‥‥‥‥‥‥ 3
三相かご型誘導電動機 ‥‥ 42
三相交流 ‥‥‥‥‥‥‥‥‥ 36
酸素欠乏 ‥‥‥‥‥‥‥‥‥ 3
酸素欠乏危険作業 ‥‥‥‥ 196
散布図 ‥‥‥‥‥‥‥‥‥ 190
残留塩素 ‥‥‥‥‥‥‥‥‥ 95
次亜塩素酸ナトリウム ‥‥ 95
シーリング材 ‥‥‥‥‥‥ 304
シーリングディフューザ形
　‥‥‥‥‥‥‥‥‥‥‥‥‥ 157
紫外線 ‥‥‥‥‥‥‥‥‥‥ 5
仕切弁 ‥‥‥‥‥‥‥‥‥ 151
軸流送風機 ‥‥‥‥‥‥‥ 145
自己サイホン作用 ‥‥‥‥ 306
自己消火性 ‥‥‥‥‥‥‥‥ 40
自然換気 ‥‥‥‥‥‥‥‥‥ 77

自然給排気式（BF 式）
　‥‥‥‥‥‥‥‥‥‥‥‥‥ 132
自然対流 ‥‥‥‥‥‥‥‥‥ 28
自然排煙 ‥‥‥‥‥‥‥‥‥ 84
下請負人 ‥‥‥‥‥‥‥‥ 236
下請契約 ‥‥‥‥‥‥‥‥ 236
下向き配管 ‥‥‥‥‥‥‥‥ 67
湿球温度 ‥‥‥‥‥‥‥‥‥ 8
シックハウス症候群 ‥‥‥ 11
実効温度差 ‥‥‥‥‥‥‥‥ 65
実行予算書 ‥‥‥‥‥‥‥ 171
湿潤養生 ‥‥‥‥‥‥‥‥‥ 52
質問回答書 ‥‥‥‥‥‥‥ 164
指定数量 ‥‥‥‥‥‥‥‥ 246
始動電流 ‥‥‥‥‥‥‥‥‥ 42
四方弁 ‥‥‥‥‥‥‥‥‥‥ 73
湿り空気 ‥‥‥‥‥‥‥‥‥ 11
湿り空気線図 ‥‥‥‥‥‥‥ 12
地山 ‥‥‥‥‥‥‥‥‥‥ 341
シャルルの法則 ‥‥‥‥‥ 33
ジャンカ ‥‥‥‥‥‥‥‥‥ 46
臭化リチウム ‥‥‥‥‥‥ 140
ジューコフスキーの公式
　‥‥‥‥‥‥‥‥‥‥‥‥‥ 25
自由支承 ‥‥‥‥‥‥‥‥ 101
修正有効温度 ‥‥‥‥‥‥‥ 8
周波数 ‥‥‥‥‥‥‥‥‥‥ 15
主筋 ‥‥‥‥‥‥‥‥‥‥‥ 47
取水施設 ‥‥‥‥‥‥‥‥‥ 91
受水槽 ‥‥‥‥‥‥‥‥‥ 106
手動開放装置 ‥‥‥‥‥‥‥ 87
主任技術者 ‥‥‥‥‥‥‥ 242
撞木配管 ‥‥‥‥‥‥‥‥ 295
主要構造部 ‥‥‥‥‥‥‥ 228
循環ポンプ ‥‥‥‥‥‥‥ 114
瞬時運転 ‥‥‥‥‥‥‥‥ 318
蒸気暖房 ‥‥‥‥‥‥‥‥‥ 67
蒸気トラップ ‥‥‥‥‥‥‥ 67
蒸気ボイラ ‥‥‥‥‥‥‥‥ 67
仕様書 ‥‥‥‥‥‥‥‥‥ 163
浄水 ‥‥‥‥‥‥‥‥‥‥‥ 91
浄水施設 ‥‥‥‥‥‥‥‥‥ 92
蒸発器 ‥‥‥‥‥‥‥‥‥‥ 73

385

消費電力 ･････････････ 35
シロッコファン ･･････ 145
新規入場者教育 ･････ 224
親権者 ････････････ 252
伸縮継手 ･･･････････ 209
進相コンデンサ ･･･････ 38
新築 ･･････････････ 229
伸頂通気 ･････････ 121
深夜電力 ･････････ 109
新有効温度 ･････････ 9
水圧試験 ･････････ 216
水蒸気 ･･･････････ 4
水素イオン濃度 ･･･････ 15
吸い出し作用 ･･･････ 307
水道事業者 ･･･････ 94
水道施設 ･･･････ 91
水道用硬質塩化ビニルライ
　ニング鋼管 ･･････ 149
水道用ポリエチレン紛体ライ
　ニング鋼管 ･･････ 150
水面接合 ･･････････ 99
水和作用 ･･････････ 45
スケール ･････････ 141
ステンレス鋼管 ･･････ 150
スパイラルダクト ･･･ 154
スプリンクラー ･･････ 128
スペーサー ･･･････ 48
墨出し ･･･････････ 331
スライドオンフランジ工法
　･･････････････ 213
スラブ ･･･････････ 298
スランプ値 ･･･････ 46
スリーブ ･･･････ 303
静圧 ･････････････ 20
正圧 ･････････････ 69
正規分布曲線 ･･･････ 189
製作図 ･･･････････ 171
成績係数（COP）･･････ 73
成層圏 ･････････････ 5
生物膜法 ･･･････ 134
赤外線 ･･･････････ 5
施工計画書 ･･･････ 171
施工図 ･････････ 171

絶縁継手 ･･･････････ 209
絶縁抵抗計 ･･･････ 41
絶縁電線 ･･･････ 40
設計図書 ･･･････ 161
切削油 ･･･････････ 207
接触ばっ気方式 ･･････ 134
絶対湿度 ･････････ 12
接地 ･････････････ 40
接地抵抗計 ･･･････ 41
セメント ･･･････ 45
全圧 ･････････････ 20
繊維系保温材 ･･･････ 216
全数検査 ･･･････ 186
せん断力 ･････････ 47
全電圧始動方法 ･･･････ 42
専任 ･････････････ 243
潜熱 ･････････････ 28
潜熱回収型給湯器 ･･････ 110
潜熱負荷 ･･･････ 64
線膨張係数 ･･･････ 50
総括安全衛生管理者 ･･･ 223
送水施設 ･･･････ 92
相対湿度 ･･･････ 11
増築 ･････････････ 229
相当外気温度 ･･･････ 65
送風機 ･･･････････ 55
相変化 ･･･････････ 27
層流 ･････････････ 21
阻集器 ･･･････････ 118
損失水頭 ･･･････ 127

た　行

第1種機械換気 ･･･････ 78
第2種機械換気 ･･･････ 78
第3種機械換気 ･･･････ 79
大気圏 ･･･････････ 3
大気透過率 ･･･････ 3
大規模の修繕 ･･･････ 229
大規模の模様替え ･･･ 230
第三者災害（公衆災害）･ 359
耐衝撃性硬質ポリ塩化
　ビニル管 ･･･････ 150
耐震支持金物 ･･･････ 298

耐水材料 ･･･････････ 229
ダイヤフラム ･･････ 70
ダイヤモンドブレーキ ･･･ 157
対流 ･････････････ 28
ダイレクトリターン方式
　･･････････････ 70
ダクト ･･･････････ 154
タクト工程表 ･･･････ 333
玉形弁 ･･･････････ 151
ダミー ･･･････････ 178
多翼送風機 ･･･････ 145
ダルシー・ワイスバッハの式
　･･････････････ 23
たわみ継手 ･･･････ 158
単式伸縮継手 ･･･････ 209
単相3線式 ･･･････ 37
単相交流 ･･･････ 36
断熱 ･････････････ 33
断熱圧縮 ･･･････ 33
断熱材 ･･･････････ 14
断熱膨張 ･･･････ 33
ダンパー ･････････ 214
暖房負荷 ･･･････ 63
地球温暖化 ･････････ 4
窒素酸化物 ･････････ 3
中性 ･････････････ 15
中性化 ･･･････････ 50
鋳鉄管 ･･･････････ 151
鋳鉄製ボイラ ･･･････ 142
直達日射 ･･･････ 3
直流 ･････････････ 36
貯水施設 ･･･････ 91
直結加圧形給水ポンプ
　ユニット ･･･････ 106
直交流形冷却塔 ･･････ 141
貯湯槽 ･･･････････ 110
通気管 ･･･････････ 210
吊り足場 ･･･････ 193
定圧比熱 ･･･････ 30
定格電流 ･･･････ 42
抵抗 ･････････････ 35
定着 ･････････････ 48
ディップ ･････････ 117

定風量単一ダクト方式 ‥‥ 56
ディフューザポンプ ‥‥ 146
定容比熱 ‥‥‥‥‥‥‥ 31
テーパー状 ‥‥‥‥‥‥ 208
デグリーデー ‥‥‥‥‥‥ 6
手すり ‥‥‥‥‥‥‥‥ 193
鉄筋コンクリート（RC）
‥‥‥‥‥‥‥‥‥‥‥ 50
デミングサークル ‥‥‥ 186
電圧 ‥‥‥‥‥‥‥‥‥ 35
電気温水器 ‥‥‥‥‥‥ 109
電極棒 ‥‥‥‥‥‥‥‥ 144
天空日射 ‥‥‥‥‥‥‥ 63
電源 ‥‥‥‥‥‥‥‥‥ 36
伝導 ‥‥‥‥‥‥‥‥‥ 27
電動三方弁 ‥‥‥‥‥‥ 144
電動式ヒートポンプ冷暖房機
‥‥‥‥‥‥‥‥‥‥‥ 74
電動二方弁 ‥‥‥‥‥‥ 144
電流 ‥‥‥‥‥‥‥‥‥ 35
電力 ‥‥‥‥‥‥‥‥‥ 35
動圧 ‥‥‥‥‥‥‥‥‥ 20
統括安全衛生責任者 ‥‥ 346
銅管 ‥‥‥‥‥‥‥‥‥ 150
導水施設 ‥‥‥‥‥‥‥ 91
道路使用 ‥‥‥‥‥‥‥ 172
道路占用 ‥‥‥‥‥‥‥ 172
特殊建築物 ‥‥‥‥‥‥ 227
特殊排水 ‥‥‥‥‥‥‥ 97
特性要因図 ‥‥‥‥‥‥ 189
特定建設業許可 ‥‥‥‥ 237
特定建設作業 ‥‥‥‥‥ 254
特定建設資材 ‥‥‥‥‥ 249
特定建設資材廃棄物 ‥‥ 250
特定施設 ‥‥‥‥‥‥‥ 254
特別管理一般廃棄物 ‥‥ 247
特別管理産業廃棄物 ‥‥ 247
特別教育 ‥‥‥‥‥‥‥ 225
都市ガス ‥‥‥‥‥‥‥ 131
吐水口空間 ‥‥‥‥‥‥ 103
特記仕様書 ‥‥‥‥‥‥ 163
都道府県知事 ‥‥‥‥‥ 238
都道府県労働局長 ‥‥‥ 224

土止め支保工 ‥‥‥‥‥ 341
共板フランジ工法 ‥‥‥ 212
トラップ ‥‥‥‥ 117，306
トラップ枡 ‥‥‥‥‥‥ 99
ドラフトチャンバー ‥‥ 79
鳥居配管 ‥‥‥‥ 105，322
ドレネージ継手 ‥‥‥‥ 307
ドレン管 ‥‥‥‥‥‥‥ 201
ドレンパン ‥‥‥‥‥‥ 55
ドロップ枡 ‥‥‥‥‥‥ 100

な 行

逃し管 ‥‥‥‥‥‥‥‥ 114
逃し弁 ‥‥‥‥‥‥ 70，114
2号消火栓 ‥‥‥‥‥‥ 126
二酸化炭素 ‥‥‥‥‥‥ 10
二重トラップ ‥‥‥‥‥ 232
抜取り検査 ‥‥‥‥‥‥ 187
根切底 ‥‥‥‥‥‥‥‥ 322
ねじゲージ ‥‥‥‥‥‥ 296
ねじ込み式排水管用継手
‥‥‥‥‥‥‥‥‥‥‥ 307
熱貫流抵抗 ‥‥‥‥‥‥ 14
熱効率 ‥‥‥‥‥‥‥‥ 110
熱中症 ‥‥‥‥‥‥‥‥ 196
熱通過率 ‥‥‥‥‥‥‥ 65
ネットワーク工程表 ‥‥ 176
熱負荷 ‥‥‥‥‥‥‥‥ 64
熱容量 ‥‥‥‥‥‥‥‥ 30
熱量 ‥‥‥‥‥‥‥‥‥ 30
粘性 ‥‥‥‥‥‥‥‥‥ 21
粘性係数 ‥‥‥‥‥‥‥ 21
延べ面積 ‥‥‥‥‥‥‥ 230

は 行

バーチャート工程表 ‥‥ 175
排煙機 ‥‥‥‥‥‥‥‥ 87
排煙口 ‥‥‥‥‥‥‥‥ 86
排煙ダクト ‥‥‥‥‥‥ 87
配管用炭素鋼鋼管 ‥‥‥ 149
排気フード ‥‥‥‥‥‥ 82
配水管 ‥‥‥‥‥‥‥‥ 92
配水施設 ‥‥‥‥‥‥‥ 92

配線用遮断器 ‥‥‥‥‥ 38
バキュームブレーカ ‥‥ 104
バタフライ弁 ‥‥‥‥‥ 152
波長 ‥‥‥‥‥‥‥‥‥ 5
発注者 ‥‥‥‥‥‥‥‥ 235
バナナ曲線 ‥‥‥‥‥‥ 175
跳ね出し作用 ‥‥‥‥‥ 306
パラペット部 ‥‥‥‥‥ 303
バルク供給方式 ‥‥‥‥ 131
パレート図 ‥‥‥‥‥‥ 190
搬送動力 ‥‥‥‥‥‥‥ 56
搬入計画 ‥‥‥‥‥‥‥ 168
非圧縮性流体 ‥‥‥‥‥ 19
ヒートポンプ ‥‥‥‥‥ 73
非サイホン式 ‥‥‥‥‥ 117
非常電源 ‥‥‥‥‥‥‥ 126
ヒストグラム ‥‥‥‥‥ 188
ピトー管 ‥‥‥‥‥‥‥ 20
一側足場 ‥‥‥‥‥‥‥ 343
比熱 ‥‥‥‥‥‥‥‥‥ 30
ヒューミディスタット ‥ 144
標準仕様書 ‥‥‥‥‥‥ 163
表面張力 ‥‥‥‥‥‥‥ 19
品質管理 ‥‥‥‥ 185，354
負圧 ‥‥‥‥‥‥‥‥‥ 78
ファンコイルユニット方式
‥‥‥‥‥‥‥‥‥‥‥ 57
封水 ‥‥‥‥‥‥‥‥‥ 117
プーリ ‥‥‥‥‥‥‥‥ 319
風量調整ダンパー ‥‥‥ 311
複式伸縮継手 ‥‥‥‥‥ 209
腐食電流 ‥‥‥‥‥‥‥ 219
附帯工事 ‥‥‥‥‥‥‥ 239
普通ポルトランドセメント
‥‥‥‥‥‥‥‥‥‥‥ 45
太ねじ ‥‥‥‥‥‥‥‥ 296
不燃材 ‥‥‥‥‥‥‥‥ 303
不燃材料 ‥‥‥‥‥‥‥ 229
フランジ ‥‥‥‥‥‥‥ 297
ブレード ‥‥‥‥‥‥‥ 297
フレキシブルダクト ‥‥ 155
ブロー ‥‥‥‥‥‥‥‥ 141
フロート ‥‥‥‥‥‥‥ 179

387

フロートスイッチ ······· 144
フロンガス ··············· 5
分流式 ················· 97
ヘア阻集器 ············ 118
平均放射温度 ············ 9
閉鎖型スプリンクラー ··· 128
ペリメータ ·············· 58
ベルヌーイの定理 ······· 23
ベローズ ·············· 297
変圧器 ················· 37
返湯管 ················ 114
変風量単一ダクト方式 ···· 56
変風量ユニット
　（VAVユニット）······· 56
偏流 ················· 219
ボイラ給水ポンプ ······· 67
ボイル・シャルルの法則 ·· 32
ボイルの法則 ··········· 33
防煙区画 ··············· 85
防煙垂れ壁 ············· 86
棒形振動機 ············· 51
防火ダンパー ······· 87，132
放射 ·················· 28
放射暖房 ··············· 71
防振継手 ·············· 204
膨張タンク ···· 68，69，113
放熱器 ··········· 67，68
飽和空気曲線 ··········· 14
ボール弁 ·············· 152
保温筒 ··············· 296
保温養生 ··············· 52
保護帽 ················ 224
細ねじ ··············· 296
ポリエチレンフィルム ··· 217
ポリスチレンフォーム
　················159，216
ホルムアルデヒド ······· 11

ま 行

前払金 ················ 240
曲げモーメント ········· 47

摩擦応力 ··············· 21
摩擦損失 ··············· 23
丸鋼 ·················· 47
水セメント比 ··········· 46
密閉式ガス機器 ········ 132
密閉式膨張タンク ······· 70
密閉式冷却塔 ·········· 142
見積書 ··············· 239
目荒し ··············· 315
明示シート ············· 93
明示テープ ············· 93
毛細管現象 ········ 19，307
元請負人 ·············· 235
元方安全衛生管理者 ···· 346
元止め式湯沸器 ········ 112
モルタル ··············· 45

や 行

誘引作用 ·············· 215
有機系発泡質保温材 ···· 216
有効温度 ··············· 8
有効換気量 ············· 81
誘導者 ··············· 348
要求性能墜落制止用器具
　···················· 193
養生 ·················· 52
揚程 ················· 127
予測不満足者率 ········· 9
予測平均申告 ··········· 9
予備電源 ··············· 87
呼び番号 ········ 202，319

ら 行

ラーメン構造 ··········· 51
ライナー ·············· 135
ライニング ············ 149
乱流 ·················· 21
力率改善 ··············· 39
リバースリターン方式 ···· 70
リブ ················· 157
累積出来高曲線 ········ 327

ループ通気 ············ 122
ルームエアコン ········· 74
冷却コイル ············· 60
冷却塔 ··············· 141
レイノルズ数 ··········· 21
冷媒ガス ··············· 5
冷房負荷 ··············· 63
レジオネラ属菌 ········ 112
連成計 ··············· 127
漏電遮断器 ············· 41
労働災害 ········· 193，224
ロックウール ·········· 158
露点温度 ··············· 13
炉筒煙管ボイラ ········ 142

わ 行

ワーカビリティ ········· 46

英 文

BOD ··················· 6
CD管 ················· 40
COD ··················· 7
DO ···················· 7
FRP製浄化槽 ········· 135
NC曲線 ··············· 16
PF管 ················· 40
PMV ··················· 9
PPD ··················· 9
QC ·················· 188
SI単位 ··············· 30
SS ···················· 7
S字曲線 ·············· 175
T字分岐 ·············· 295
U字配管 ········· 105，322
Vベルト ·············· 202

●**関根康明**

1951年，埼玉県川越市生まれ。一級建築士事務所SEEDO（SEkine Engineering Design Office）代表。(株) SEEDO代表取締役。学校，公園等の設計や監理，高等技術専門校指導員等を経て，SEEDOを設立。現在は資格取得支援等を行っている。取得している主な国家資格は，1級管工事施工管理技士，1級電気工事施工管理技士，1級建築施工管理技士，1級建築士，建築設備士等多数。著書に『ラクラク突破 解いて覚える消防設備士甲種4類 問題集（エクスナレッジ）』『スーパー暗記法 合格マニュアル 建築物環境衛生管理技術者（日本理工出版会）』『スーパー暗記法 合格マニュアル　1級管工事施工管理技士（日本理工出版会）』等がある。

SEEDOホームページ：seedo.jp

2級　管工事　超速マスター　　　［第4版］

2014年 5 月 1 日　初 版　第 1 刷発行
2023年 11月20日　第 4 版　第 1 刷発行

著　者	関	根	康	明
編　集	株式会社 エ ディ ポ ッ ク			
発 行 者	多	田	敏	男
発 行 所	TAC株式会社　出版事業部			
				（TAC出版）

〒101-8383　東京都千代田区神田三崎町3-2-18
電 話 03（5276）9492（営業）
FAX 03（5276）9674
https://shuppan.tac-school.co.jp

組　版	株式会社 エ ディ ポ ッ ク
印　刷	株式会社 ワ コ ー
製　本	株式会社 常 川 製 本

© Edipoch　2023　　Printed in Japan

ISBN 978-4-300-10590-0
N. D. C. 510

書籍の正誤に関するご確認とお問合せについて

書籍の記載内容に誤りではないかと思われる箇所がございましたら、以下の手順にてご確認とお問合せをしてくださいますよう、お願い申し上げます。

なお、正誤のお問合せ以外の**書籍内容に関する解説および受験指導などは、一切行っておりません。**
そのようなお問合せにつきましては、お答えいたしかねますので、あらかじめご了承ください。

1 「Cyber Book Store」にて正誤表を確認する

TAC出版書籍販売サイト「Cyber Book Store」の
トップページ内「正誤表」コーナーにて、正誤表をご確認ください。

CYBER TAC出版書籍販売サイト
BOOK STORE

URL：https://bookstore.tac-school.co.jp/

2 ①の正誤表がない、あるいは正誤表に該当箇所の記載がない ⇒ 下記①、②のどちらかの方法で文書にて問合せをする

★ご注意ください★

お電話でのお問合せは、お受けいたしません。
①、②のどちらの方法でも、お問合せの際には、「お名前」とともに、
「対象の書籍名（○級・第○回対策も含む）およびその版数（第○版・○○年度版など）」
「お問合せ該当箇所の頁数と行数」
「誤りと思われる記載」
「正しいとお考えになる記載とその根拠」
を明記してください。
なお、回答までに１週間前後を要する場合もございます。あらかじめご了承ください。

① ウェブページ「Cyber Book Store」内の「お問合せフォーム」より問合せをする

【お問合せフォームアドレス】

https://bookstore.tac-school.co.jp/inquiry/

② メールにより問合せをする

【メール宛先　TAC出版】

syuppan-h@tac-school.co.jp

※土日祝日はお問合せ対応をおこなっておりません。
※正誤のお問合せ対応は、該当書籍の改訂版刊行月末日までといたします。

乱丁・落丁による交換は、該当書籍の改訂版刊行月末日までといたします。なお、書籍の在庫状況等により、お受けできない場合もございます。
また、各種本試験の実施の延期、中止を理由とした本書の返品はお受けいたしません。返金もいたしかねますので、あらかじめご了承くださいますようお願い申し上げます。